Wissenschaftliche Reihe Fahrzeugtechnik Universität Stuttgart

Reihe herausgegeben von
Michael Bargende, Stuttgart, Deutschland
Hans-Christian Reuss, Stuttgart, Deutschland
Jochen Wiedemann, Stuttgart, Deutschland

Das Institut für Verbrennungsmotoren und Kraftfahrwesen (IVK) an der Universität Stuttgart erforscht, entwickelt, appliziert und erprobt, in enger Zusammenarbeit mit der Industrie, Elemente bzw. Technologien aus dem Bereich moderner Fahrzeugkonzepte. Das Institut gliedert sich in die drei Bereiche Kraftfahrwesen, Fahrzeugantriebe und Kraftfahrzeug-Mechatronik. Aufgabe dieser Bereiche ist die Ausarbeitung des Themengebietes im Prüfstandsbetrieb, in Theorie und Simulation. Schwerpunkte des Kraftfahrwesens sind hierbei die Aerodynamik, Akustik (NVH), Fahrdynamik und Fahrermodellierung, Leichtbau, Sicherheit, Kraftübertragung sowie Energie und Thermomanagement – auch in Verbindung mit hybriden und batterieelektrischen Fahrzeugkonzepten. Der Bereich Fahrzeugantriebe widmet sich den Themen Brennverfahrensentwicklung einschließlich Regelungs- und Steuerungskonzeptionen bei zugleich minimierten Emissionen, komplexe Abgasnachbehandlung, Aufladesysteme und -strategien, Hybridsysteme und Betriebsstrategien sowie mechanisch-akustischen Fragestellungen. Themen der Kraftfahrzeug-Mechatronik sind die Antriebsstrangregelung/Hybride, Elektromobilität, Bordnetz und Energiemanagement, Funktions- und Softwareentwicklung sowie Test und Diagnose. Die Erfüllung dieser Aufgaben wird prüfstandsseitig neben vielem anderen unterstützt durch 19 Motorenprüfstände, zwei Rollenprüfstände, einen 1:1-Fahrsimulator, einen Antriebsstrangprüfstand, einen Thermowindkanal sowie einen 1:1-Aeroakustikwindkanal. Die wissenschaftliche Reihe „Fahrzeugtechnik Universität Stuttgart" präsentiert über die am Institut entstandenen Promotionen die hervorragenden Arbeitsergebnisse der Forschungstätigkeiten am IVK.

Reihe herausgegeben von

Prof. Dr.-Ing. Michael Bargende
Lehrstuhl Fahrzeugantriebe
Institut für Verbrennungsmotoren und
Kraftfahrwesen, Universität Stuttgart
Stuttgart, Deutschland

Prof. Dr.-Ing. Hans-Christian Reuss
Lehrstuhl Kraftfahrzeugmechatronik
Institut für Verbrennungsmotoren und
Kraftfahrwesen, Universität Stuttgart
Stuttgart, Deutschland

Prof. Dr.-Ing. Jochen Wiedemann
Lehrstuhl Kraftfahrwesen
Institut für Verbrennungsmotoren und
Kraftfahrwesen, Universität Stuttgart
Stuttgart, Deutschland

Weitere Bände in der Reihe http://www.springer.com/series/13535

Ömer Ünal

Phänomenologische Modellierung der Dieselverbrennung auf homogenem Grundgemisch

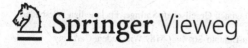 Springer Vieweg

Ömer Ünal
Institut für Verbrennungsmotoren
und Kraftfahrwesen
Universität Stuttgart
Stuttgart, Deutschland

Zugl.: Dissertation Universität Stuttgart, 2019

D93

ISSN 2567-0042   ISSN 2567-0352   (electronic)
Wissenschaftliche Reihe Fahrzeugtechnik Universität Stuttgart
ISBN 978-3-658-28913-3   ISBN 978-3-658-28914-0   (eBook)
https://doi.org/10.1007/978-3-658-28914-0

Die Deutsche Nationalbibliothek verzeichnet diese Publikation in der Deutschen National-
bibliografie; detaillierte bibliografische Daten sind im Internet über http://dnb.d-nb.de abrufbar.

Springer Vieweg ist ein Imprint der eingetragenen Gesellschaft Springer Fachmedien Wiesbaden
GmbH und ist ein Teil von Springer Nature.
Die Anschrift der Gesellschaft ist: Abraham-Lincoln-Str. 46, 65189 Wiesbaden, Germany

Für Erol und Özlem

Vorwort

Die vorliegende Arbeit entstand während meiner Tätigkeit als wissenschaftlicher Mitarbeiter am Lehrstuhl Fahrzeugantriebe des Instituts für Verbrennungsmotoren und Kraftfahrwesen (IVK) der Universität Stuttgart.

An dieser Stelle möchte ich Herrn Professor Dr.-Ing. M. Bargende, dem Leiter des IVK, für das Initiieren der vorliegenden Arbeit und die Übernahme des Hauptreferats meinen besonderen Dank zukommen lassen. Seine wissenschaftliche und persönliche Betreuung bei der Durchführung sowie den großen Freiraum bei der Gestaltung haben wesentlich zum Erfolg der Arbeit beigetragen. Ebenso danke ich Herrn Professor Dr.-Ing. K. Boulouchos dem Leiter des Instituts für Energietechnik für die Übernahme des Koreferats und die sehr fruchtbare Zusammenarbeit.

Ein weiterer Dank geht an Herrn Barba, der als Obmann im Forschungsprojekt stets zu einer produktiven Zusammenarbeit gesorgt hat. Des Weiteren bedanke ich mich bei meinen Forschungspartner aus der ETH-Zürich, den Herrn Dr. Srna, Dr. Sushant, Dr. Wright und Siddik für die konstruktive Zusammenarbeit, die zu Erkenntnisgewinn in einem freundlichen Umfeld geführt hat.

Weiterer Dank richtet sich an alle Mitarbeiter des IVK und FKFS, die studentischen Hilfskräfte und Studienarbeiter für die Unterstützung, die zahlreichen Anregungen, die gute Zusammenarbeit und die sehr angenehm kollegiale Arbeitsatmosphäre.

Ganz herzlich danken möchte ich meiner Familie, Memnune, Gülhanim, Özlem und Erol, die mich immer an schweren Zeiten mit Zuversicht und in guten Zeiten mit Teilhabe begleitet haben und damit maßgeblich zum Gelingen dieser Arbeit beigetragen haben.

Ömer Ünal

Inhaltsverzeichnis

Abbildungsverzeichnis

Tabellenverzeichnis

Abkürzungsverzeichnis

0D/1D	[-]	Null- bzw. Eindimensional
3D-CFD	[-]	3-Dimensionale CFD
A_{FF}	[mm^2]	Flammenoberfläche
A	[-]	Modellkonstante
BP	[-]	Betriebspunkt
CFD	[-]	Computational fluid dynamics
CNG	[-]	Compressed Natural Gas
C	[-]	Abstimmungsparameter
DVA	[-]	Druckverlaufsanalyse
d_B	[mm]	Bohrungsdurchmesser
$d_{Düse}$	[mm]	Düsendurchmesser
d_{eq}	[mm]	Äquivalenter Düsendurchmesser
d_{EV}	[mm]	Durchmesser Einlassventil
d_{AV}	[mm]	Durchmesser Auslassventil
E_A	[J/mol]	Aktivierungsenergie
GOT	[-]	Gaswechsel Oberer Totpunkt
h_K	[mm]	Kolbenhub
h_e	[kJ]	Ansaugenthalpie
h_{EV}	[mm]	Ventilhub Einlassventil
h_{AV}	[mm]	Ventilhub Auslassventil
h_a	[mm]	Abgasenthalpie
h_L	[kJ]	Leckageenthalpie
I_{SZ}	[-]	Selbstzündintegral
k_{turb}	[J]	Turbulenzenergie
k	[mol/s m^3]	Reaktionsrate

KI	[-]	Klopfintensität
l_{pl}	[mm]	Pleuellänge
L_{ST}	[-]	Stöchiometrischer Luftbedarf
L	[mm]	Wirbellänge
$m_{Düse}$	[mg]	Eingespritzte Masse aus der Einspritzdüse
m_e	[mg]	Eindringmasse in das Unverbrannte
MZ	[-]	Methanzahl
N_{ASP}	[-]	Anzahl der Arbeitsspiele
N_{Ges}	[-]	Gesamtarbeitsspiele
N_V	[-]	Anzahl Ventile
p_{Rail}	[bar]	Raildruck
Pmi	[bar]	Induzierter Mitteldruck
P	[bar]	Druck
p_{max}	[bar]	Maximaldruck
QDM	[-]	Quasidimensionale Modellierung
r,R	[mm]	Scheibenradius
Ri	[J/KG K]	Spezifische Gaskonstante
Sc	[-]	Schmidtzahl
s_L	[cm/s]	laminare Flammengeschwindigkeit
T	[K]	Temperatur
T_A	[K]	Aktivierungstemperatur
$t_{Breakup}$	[t]	Aufbruchzeit
u'	[m/s]	Turbulente Schwanungsgeschwindigkeit
u_{turb}	[m/s]	
u_{einsp}	[m/s]	Einspritzgeschwindigkeit
u_e	[m/s]	Eindringgeschwindigkeit in das Unverbrannte

U	[J]	Innere Energie
Upm	[1/min]	Umdrehungen pro Minute
Q_b	[J]	Brennwärme
Q_W	[J]	Wandwärme
$Q_{b,Diesel}$	[J]	Modellierte Brennwärme Diesel
$Q_{b,CNG\ Entrainment}$	[J]	Modellierte Erdgaswärme Entrainment
$Q_{b,CNG\ Flamme}$	[J]	Modellierte Erdgaswärme Flamme
$Q_{b,CNG\ Volumen}$	[J]	Modellierte Erdgaswärme Volumen
$Q_{b,DVA}$	[J]	Berechnete Brennwärme aus der Druckverlaufsanalyse
V_c	[l]	Kompressionvolumen
V_{zyl}	[l]	Zylindervolumen
V_h	[l]	Hubvolumen
V_{Spray}	[l]	Sprayvolumen
W	[J]	Arbeit
w	[-]	Massenbruch
x_{AGR}	[-]	AGR-Anteil
x	[m]	Ortskoordinate
Y_f	[-]	Massenbruch Kraftstoff/Luft
$Y_{f,ax}$	[-]	Massenbruch in axialer Richtung
ZOT	[-]	Zünd oberer Totpunkt

Indizes und Laufvariablen

I	Bereich 1
II	Bereich 2
A	Aktivierung

AB	Ansteuerbeginn
Arr	Arrhenius
B	Zur Umsetzung zur Verfügung stehend
Diesel	Diesel
DF	Dual Fuel
Diss	Dissipation
Düse	Düse
Diff	Diffusion
Einsp	Einspritz
Ges	Gesamt
Inj	Einspritz
Krst	Kraftstoff (Oberbegriff)
L	Laminar
Luft	Luft
Mag	Magnussen
Mix	Gemisch
O_2	Sauerstoff
Scheibe	Scheibe
Swirl	Drall
Strahl	Dieselstrahl
Turb	Turbulenz
Q	Quetsch
Rail	Railgröße
UV	Unverbrannt
V	Verbrannt
Zyl	Zylinder

Griechische Formelzeichen

α, β	[-]	Modellparameter
δ_t	[m]	Turbulente Flammendicke
ϵ	m^2/s^3	Dissipation
ϵ_{geo}	[-]	Verdichtungsverhältnis, geometrisch
η_{um}	[-]	Umsetzungsgrad
λ	[-]	Luftzahl
ρ_{mix}	[kg/m^3]	Gemischdichte
σ_{pmi}	[-]	Schwankung des mittlere indiierten Drucks
τ	[s]	Zeitabschnitt
ϕ_{EV}	[°KW]	Öffnungsdauer Einlassventil
ϕ_{AV}	[°KW]	Öffnungsdauer Auslassventil
$\phi_{EÖ}$	[°KW]	Beginn Öffnung Einlassventil
ϕ_{AS}	[°KW]	Beginn Schließung EInlassventil
ϕ_{BB}	[°KW]	Brennbeginn
ϕ_{AB}	[°KW]	Ansteuerbeginn
ϕ_{ZV}	[°KW]	Zündverzug
ϕ_{SV}	[°KW]	Spritzverzug
$\phi_{Breakup}$	[°KW]	Aufbrechzeit
$\phi_{H.50}$	[°KW]	Schwerpunktlage
ϕ_{BD}	[°KW]	Brenndauer
χ	[K/cm]	Temperaturgradient
χ_{Sub}	[-]	Substitutionsrate
χ_T	[-]	Koeffizient Taylorberechnung

Abstract

As mobility in the world increases, so does the amount of greenhouse gases in the atmosphere in consequences of using carbons and oxygen to oxidate. Carbon dioxide as an important greenhouse gas leads amongst others to global warming. The consequences of global warming have a destructive effect on nature and human life. In order to reduce the amount of greenhouse gas, research on natural gas combustion as a source of power and mobility is promoted. One concept to comply with different requirements is the Dual-Fuel combustion, with diesel injection and natural gas/air as a background mixture. Due to the carbon/hydrogen atom ratio, about 20 % less carbon dioxide emissions are produced with methane compared to gasoline or diesel with the same amount of energy.

As the objective of the research project, a phenomenological combustion model was developed and validated. The basis of the model development was an intensive measurement data analysis based on measurement data from another research project [1]. For the analyzing process, a diesel combustion model was used also to work out the difference between a Diesel only combustion and Dual-Fuel combustion. On the other hand, 3D-CFD results and tests on a long-stroke compression machine, which were carried out as part of the research project at ETH-Zürich, provided a better understanding of the fundamental combustion process of Dual-Fuel combustion. So the model is based on physical and chemical processes and contributes to the knowledge gain of the internal engine phenomena in diesel combustion on a homogeneous background mixture.

Zusammenfassung

Für die Reduzierung der Kohlenstoffdioxid-Emissionen in Nutzfahrzeugen kann Erdgas mit Methan als Hauptbestandteil als alternativer Kraftstoff genutzt werden. Aufgrund des Kohlenstoff-/Wasserstoff-Atomverhältnisses werden bei gleicher Energiemenge ca. 20 % weniger Kohlenstoffdioxidemissionen bei Methan produziert im Vergleich zu Benzin oder Diesel. In dem Forschungsprojekt wurde der Brennverlauf einer Dual-Fuel Verbrennung modelliert. Hierbei soll der Motor weiterhin uneingeschränkt auch für reinen Dieselbetrieb nutzbar sein, im Dual-Fuel-Betrieb wird dann ca. 20 bis 80 % des Dieselkraftstoffs durch Erdgas ersetzt. Im Rahmen des Forschungsvorhabens wurde ein phänomenologisches Brennverlaufsmodell entwickelt und validiert. Das Modell basiert zum einen auf umfangreiche Messdaten aus einem Forschungsprojekt an der Universität Stuttgart, zum anderen auf den Erkenntnissen von 3D-CFD-Berechnungen und Versuchen an einer Langhub-Kompressionsmaschine, die im Rahmen eines kooperativen Forschungsprojekts an der ETH Zürich durchgeführt wurden. Das Modell bildet physikalische und chemische Vorgänge ab und trägt dem Erkenntnisgewinn der innermotorischen Phänomene bei einer Dieselverbrennung auf homogenem Grundgemisch bei. Basis der Modellentwicklung war eine intensive Messdatenanalyse. Hierfür wurde u.a. der Diesel-Anteil der DualFuel-Verbrennung mit einem gut abgestimmten Diesel-Brennverlaufsmodell simuliert, um über die Differenz zwischen dem Gesamtbrennverlauf aus der Messdatenanalyse und der modellierten Dieselumsetzung Erkenntnisse zum zeitlichen Ablauf des CNG-Umsatzes zu gewinnen.

1 Einleitung

1897 stellte Rudolf Diesel den selbstzündenden Verbrennungsmotor mit einem Wirkungsgrad von 26 % vor. Mit dieser Erfindung wurde die Dampfmaschine ersetzt, die zu diesem Zeitpunkt einen Wirkungsgrad von 4 % besaß und etablierte sich insbesondere im Nutzfahrzeugsektor. Es ist inzwischen mehr als ein Jahrhundert vergangen und neben der Steigerung des Wirkungsgradsbesitzt bis heute auch die Emissionsreduzierung des Dieselantriebs eine große Rolle. Als schädliche Schadstoffe bei einem Dieselbetrieb sind dabei zu nennen: Die unverbrannten Kohlenwasserstoffe HC, das Zwischenprodukt CO, Partikel, NO_x und SO_x. Die Dieselemissionen HC, CO, NO_x und SO_x und Partikel größer als 10 Mikrometer wurden durch verschiedene Ansätze- beispielsweise durch die Veränderung der Kraftstoffzusammensetzung, innermotorische Maßnahmen oder durch die Abgasnachbehandlung auf ein irrelevantes Niveau gesenkt bzw. könnten durch den Einsatz geeigneter Technologien weiter gesenkt werden [2].

Durch den steigenden globalen Wohlstand erfuhr auch der Güterverkehr eine kontinuierliche Steigerung: Das Bundesministerium für Verkehr und digitale Infrastruktur erwartet in der Prognose für 2030 einen Anstieg des der Nutzfahrzeuge (LKW) um etwa 43 %, siehe [1]. Es ist daher davon auszugehen, dass der im Kraftstoffverbrauch günstigere Dieselkraftstoff im Nutzfahrzeugsektor weiter zunehmen wird. Diesem Anstieg im Nutzfahrzeugverkehr stehen die umweltlichen Erfordernisse entgegen. Bereits seit Jahrzehnten warnen Institutionen wie das IPCC nämlich vor den Folgen des anthropogenen Klimawandels, welcher durch die veränderte Zusammensetzung der Atmosphäre in Folge der Emissionen von Treibhausgasen zustande kommt. Eine besondere Rolle durch die anteilige Dominanz kommt dabei dem Treibhausgas CO_2 zu. Der größte CO_2-Emittent ist der Energiesektor, gefolgt vom verarbeitenden Gewerbe und dem Verkehr, die beide auf demselben Niveau liegen. Um die Gesamttreibhausgasemission zu senken ist eine Reduzierung der CO_2- Emissionen in den stark emittierenden Sektoren erforderlich.

Im dieselbetriebenen Verbrennungsmotor erfolgt die Nutzenergie über die Umwandlung der chemisch gebundenen Energie aus kohlenstoffhaltigen Kraftstoffen durch Oxidation mit Sauerstoff und dies führt unweigerlich zur Emittierung von CO_2 Die Weltgemeinschaft hat sich durch die Ratifizierung

© Springer Fachmedien Wiesbaden GmbH, ein Teil von Springer Nature 2020
Ö. Ünal, *Phänomenologische Modellierung der Dieselverbrennung auf homogenem Grundgemisch*, Wissenschaftliche Reihe Fahrzeugtechnik Universität Stuttgart, https://doi.org/10.1007/978-3-658-28914-0_1

des Pariser Klimaabkommens verpflichtet den CO_2-Ausstoß zu reduzieren, um damit den menschengemachten Anteil der globalen Erderwärmung zu begrenzen. Eine mögliche Maßnahme ist die Verwendung von Kraftstoffen mit einem günstigeren Wasserstoff-/Kohlenstoffverhältnis zur Reduktion der CO_2-Emissionen. Neben dem reinen Erdgasmotor wurde in Anbetracht der unterschiedlichen Anforderungen das Dual-Fuel-Konzept entwickelt. Als Dual-Fuel wird zunächst der gleichzeitige Einsatz von zwei Kraftstoffen bezeichnet. In diesem Forschungsprojekt wurde die Kombination aus einem homogenen Erdgashintergrundgemisch und dessen Entzündung durch eine Dieselverbrennung untersucht.

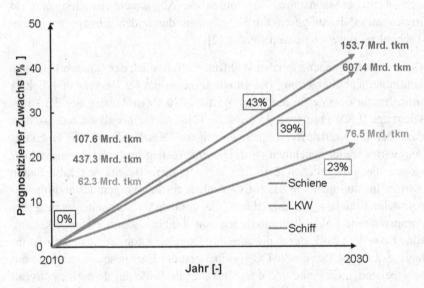

Abbildung 1.1: Die Ergebnisse der Prognose für das Jahr 2030 in der anteiligen Aufteilung des Güterverkehrs [1]

2 Grundlagen und Stand der Technik

Während der Dieselantrieb lange noch nicht an den Grenzen der Leistung angekommen ist, steht aktuell die emissionsseitige Entwicklung im Vordergrund. Aufgrund der umweltseitigen und strategischen Bedeutung des Erdgases wurden in der Vergangenheit verschiedene Dual-Fuel Konzepte untersucht. Unterschieden werden die Konzepte aufgrund der Zünd- und Gemischbildungsmechanismen, siehe **Abbildung 2.1**.

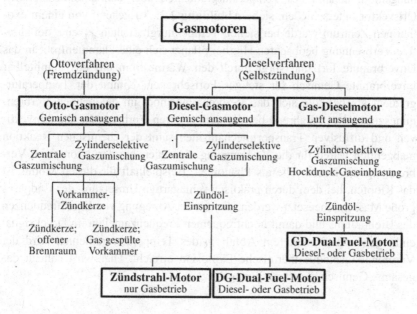

Abbildung 2.1: Unterschiedliche Konzepte der Gasmotoren [3]

Im Dual-Fuel Brennverfahren bringt der längerkettige Kohlenwasserstoff Diesel die benötigte Aktivierungsenergie zur Entzündung des Hintergrundgemischs. Verschiedene Untersuchungen des Dual-Fuel Brennverfahrens wurden bereits vorgenommen. Experimentelle Untersuchung für das Dual-Fuel Brennverfahren mit einem Erdgas/Luft-Hintergrundgemisch sind folgender Literatur zu entnehmen [4], [5]. Der Fokus dieser Arbeit liegt auf dem Diesel-Gasmotor-Prinzip mit gemisch-ansaugenden Wirkweisen, in dem das

© Springer Fachmedien Wiesbaden GmbH, ein Teil von Springer Nature 2020
Ö. Ünal, *Phänomenologische Modellierung der Dieselverbrennung auf homogenem Grundgemisch*, Wissenschaftliche Reihe Fahrzeugtechnik Universität Stuttgart, https://doi.org/10.1007/978-3-658-28914-0_2

Erdgas/Luft-Gemisch in den Ansaug-trakt eingeblasen wird und somit ein homogen verteiltes Kraftstoff/Luftgemisch einer heterogenen Dieseleinspritzung gegenübersteht. In der dieser Arbeit zugrundeliegenden experimentellen Untersuchung wurde in einem Einzylinderaggregat das Dual-Fuel Brennverfahren untersucht, siehe [3]. Für das Verständnis des Brenn-verfahrens ist es notwendig die möglichen Verbrennungsmechanismen zu kennen. In der experimentellen Arbeit von [6] wurden die unterschiedlichen Verbrennungsmodi anhand des Temperaturgradienten über den eindimensionalen Ortsvektor unterschieden, siehe **Abbildung 2.2**. Ausgehend von einem exothermen Zentrum wurde bei steilen Temperaturgradienten χ_1 eine deflagrative Verbrennung beobachtet. Hierbei pflanzt sich eine Flammenfront in das Unverbrannte fort und sorgt durch den Wärmestrom auf das unmittelbar unverbrannte Gemisch für stetiges Fortschreiten. Nimmt der Temperaturgradient ab, befindet sich das Verbrennungsmodi im detonativen Verbrennungszustand χ_2. Während bei der deflagrativen Verbrennung die konvektiven und diffusiven Transportmechanismen samt der chemischen Reaktion maßgeblich waren für die Verbrennung, dominiert bei der detonativen Verbrennung die Druckwelle als Phänomen. Beispielhaft für diesen Modus ist das Klopfen, bei dem durch praktisch schlagartige Umsetzung des Endgases große Massen umgesetzt werden, die mit der Anregung von Eigenfrequenzen des Brennraums und damit hochfrequenten Frequenzanteilen im Drucksignal einhergehen. Bei stärkerem Abfall χ_5.des Temperaturgradienten wird der Verbrennungsmodus thermische Explosion erreicht. Hier wird nahezu das gesamte Gemisch gleichzeitig umgesetzt.

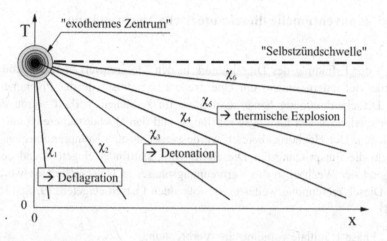

Abbildung 2.2: Einteilung der Verbrennungsmodi nach [7, S. 44]

Im Folgenden werden die möglichen drei Verbrennungsmechanismen bei einer Dual-Fuel Verbrennung, die Deflagration, Diffusion und Selbstzündung näher erläutert. Die Herausarbeitung der wirkenden Mechanismen, die in unterschiedlichen Kombinationen auftreten können, wie Abbildung 2.3 zeigt, ist Gegenstand dieser Arbeit.

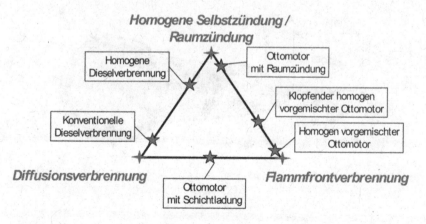

Abbildung 2.3: Unterschiedliche Verbrennungsmechanismen [8]

2.1   Konventionelle dieselmotorische Verbrennung

Nach der Erfindung des Dieselmotors in den Motorenwerken in Augsburg
wurde viel unternommen, um eine große Erkenntnisbreite der Phänomene
der Dieselverbrennung herauszuarbeiten. Im zeitlichen Verlauf wurde der
Druckverlauf in den Ladungswechslungs- und den Hochdruckbereich unterschieden. Der Hochdruckbereich wurde weiter in eine Kompressionsphase,
indem die Einspritzung des Dieselkraftstoffs stattfindet eingeteilt und dem
folgend der Wechsel in die Verbrennungsphase. In Untersuchungen wurde
die Dieselverbrennung weiter in die folgenden Phasen eingeteilt [9, S. 136–
138]:

1.   Phase 1: Initiale vorgemischte Verbrennung
2.   Phase 2:Hauptverbrennung
3.   Phase 3:Nachverbrennung

Für das Verständnis der Dieselverbrennung wurde auf der Grundlage der
bildgebenden Verfahren und Prüfstandsmessungen eine phänomenologische
Beschreibung der Dieselkeule vorgenommen, die der **Abbildung 2.4** zu entnehmen ist.

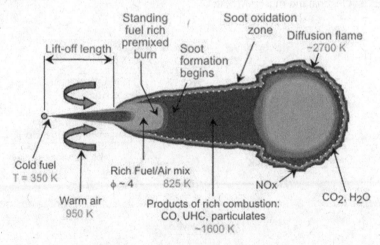

Abbildung 2.4: Die phänomenologische Beschreibung einer Dieselkeule
[10]

Die Einspritzungsparameter beeinflussen maßgeblich die Dieselverbrennung. Eines der Parameter ist die Einspritzzeit. Dabei wird im Steuergerät das Einspritzsignal, je nach Betriebsstrategie, für die Einspritzung gesendet. Der Einspritzmechanismus reagiert jedoch verzögert auf das Signal. Der Verzug zwischen Absenden des Signals zum Öffnen der Injektornadel und dem Ausströmen der Flüssigkeit in den Brennraum wird als hydraulischer Einspritzverzug bezeichnet (ϕ_{SV}). Im Rahmen dieses Forschungsprojekts wurde das Signal aus dem Steuergerät aufgezeichnet. Der genaue Zeitpunkt der Einspritzung wurde nach der Berechnung des Zündverzugs rückwirkend ermittelt. So ergibt sich der Brennbeginn ϕ_{BB} aus der Summe des Zeitpunktes des Ansteuerbeginns ϕ_{AB}, dem hydraulischen Spritzverzug ϕ_{SV} und dem physikalisch/chemisch ablaufenden Zündverzug ϕ_{ZV} zu Gl. 2.1.

$$\phi_{BB} = \phi_{AB} + \phi_{SV} + \phi_{ZV} \qquad \text{Gl. 2.1}$$

Im Brennraum unterliegt der flüssige Dieselkraftstoff durch den hohen Raildruck und damit einhergehend hoher Turbulenzen, großen Scherkräften. Die wirkenden Scherkräfte transformieren den flüssigen Kraftstoffstrahl in kleinere Tropfen. Die Zeit bis der Flüssigstrahl in Tropfen aufbricht wird als Breakup-Zeit ($\phi_{Breakup}$) bezeichnet. Des Weiteren sorgt in dieser Phase die geringe Oberflächenspannung und Zähigkeit des Kraftstoffs zusammen mit der heißen Kompressionsendtemperatur im Brennraum für Radikalbildungsprozesse, die dann in die Oxidation und Wärmefreisetzung übergehen.

2.2 Konventionelle gasmotorische Flammenausbreitung

Bei konventionell ottomotorisch arbeitenden Gasmotoren wird das Gemisch in den Ansaugtrakt eingeblasen. Aufgrund der kompakten Struktur des Hauptbestandteils Methans besitzt Erdgas eine geringe Zündneigung. Die hohe Aktivierungsenergie wird daher im ottomotorischen Ansatz über einen Zündfunken bereitgestellt. Vom Flammenkern in der Nähe des Zündfunkens beginnend entwickelt sich eine hemisphärische Flammenfront, die sich mit der turbulenten Flammengeschwindigkeit in das unverbrannte Gemisch fortpflanzt. Hierbei werden das Verbrannte und das Unverbrannte durch eine sehr dünne Flammenfront voneinander getrennt. Vor der Flammenfront liegt die Vorheizzone, in der die Radikalbildungsprozesse ablaufen bis es anschließend zur Zündung in der dünnen Reaktionszone kommt [9]. Der ottomotorische Umsatz hängt sehr stark von der Turbulenz im Brennraum ab, denn dadurch zerklüftet sich die Flammenoberfläche und vergrößert damit ihre Oberfläche. Zusätzlich erhöht sich die Eindringgeschwindigkeit. Die Turbulenz im Ottomotor ergibt sich im Wesentlichen aus dem Ladungswechsel und der Kolbenbewegung. Die Strömung und Strömungsablösung im Ventilspalt und an den Ventiltellern ist Instabilitäten und damit zufälligen, zyklischen Schwankungen unterworfen. Diese wirken sich fort auf Schwankungen des Turbulenzniveaus im Brennraum und damit auf Schwankungen der Verbrennung von Arbeitsspiel zu Arbeitsspiel. Diese Zyklenschwankungen sind charakteristisch für eine ottomotorische Verbrennung [11]. Für die Beurteilung der Schwankungsstärke eines Betriebspunkts eignet die sich die Standardabweichung der indizierten Mitteldrücke als statistisches Maß zur Beurteilung der Abweichung aller Einzelarbeitsspiele von einem gemittelten Mitteldruck, siehe Gl. 2.2.

$$\sigma_{pmi} = \sqrt{\frac{1}{N_{ASP} - 1} \cdot \sum_{i=1}^{N_{ASP}} (pmi(i) - \overline{pmi})^2} \qquad \text{Gl. 2.2}$$

2.3   Selbstzündung

Neben der bereits vorgestellten diffusiven und deflagrativen Verbrennung existiert im motorischen Betrieb die Raumzündung, die über die Selbstzündung eines Kraftstoffs/Luft Gemischs an mehreren Zündorten erfolgt. Die Selbstzündung entsteht im unverbrannten Endgas an Stellen mit lokaler Temperaturerhöhung, den „Hot Spots". Die Selbstzündung weist eine Abhängigkeit im Zündverzug von der Gemischzusammensetzung und der Druck- und Temperaturhistorie. Erreicht das Gemisch eine kritische Radikalkonzentration kommt es zur schlagartigen Umsetzung [12].

$$k \propto \frac{n_R}{n_{RC}} \qquad \text{Gl. 2.3}$$

Die kritische Radikalkonzentration n_{Rc} kann durch hohe Kompressionsend-temperaturen, die sich durch ein hohes Verdichtungsverhältnis oder einen hohen Ladedruck (Verdichtungsenddruck) erreicht werden. Denn durch den Zusammenhang in der allgemeinen Gasgleichung steigt mit dem Druck auch die Dichte der Ladung und damit die Wahrscheinlichkeit der Molekülkolli-sionen, bei sonst nahezu konstanten Randbedingungen. Des Weiteren ermög-lichen niedrige Drehzahlen ausreichend Zeit für die Radikalbildung. Aus-reichend Zeit für Vorreaktionen stehen auch durch lange Flammwege zur Verfügung. Die Kompression des unverbrannten Endgases durch die Flam-menausbreitung erhöht ebenfalls die Wahrscheinlichkeit der „Hot-Spots", die dann zu einer Selbstzündung führen können. Im unterstöchiometrischen Be-reich oder mit der Ladungsverdünnung durch Inertgaszugabe sinkt die Wahr-scheinlichkeit für Molekülkollisionen. Die aufgezählten Phänomene beein-flussen den Zündverzug für die Selbstzündung in unterschiedlichem Maße. Die Abhängigkeiten von Druck, Temperatur und Gemischzusammensetzung ist der **Abbildung 2.5** zu entnehmen. Es ist erkenntlich, dass der Druck einen großen Einfluss auf den Zündverzug besitzt. Wohingegen der Einfluss des Luftverhältnisses bei hohen Temperaturen nicht sonderlich streut. Der Inert-gasanteil hingegen weist bei hohen Temperaturen einen hohen Einfluss auf den Zündverzug auf.

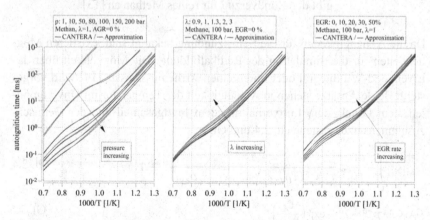

Abbildung 2.5: Der Zündverzug Methans unter Einfluss von motorischen Variationen [13]

Da Methan eine kompakte Molekülstruktur besitzt ist sie sehr reaktionsträge. Wird hingegen das reaktionsfreudigere Propan dem Methan beigemischt sinkt, wie der **Abbildung 2.6** zu entnehmen ist, der Zündverzug.

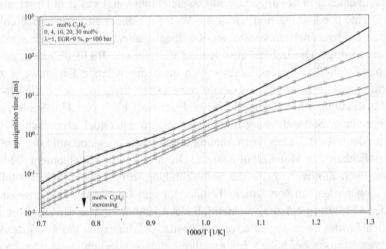

Abbildung 2.6: Einfluss der Propanbeigabe auf den Zündverzug des Methankraftstoffs bei 100 bar und $\lambda=1$. Die Schwarze Linie gibt den Zündverzug für reines Methan an [13]

Da die Abhängigkeiten für die Selbstzündung bekannt sind, existieren Möglichkeiten für die Simulation der Radikalbildung. Die Möglichkeit über das Livengood-Wu Integral oder durch einen Arrhenius-Ansatz [14] wird vorgestellt. Beide Ansätze stehen in Abhängigkeit der Temperatur im Unverbrannten, dem Druck, dem Luftverhältnis, dem Inertgasanteil und der Gemischzusammensetzung, siehe Gl. 2.4 und Gl. 2.5.

$$I_{SZ} \propto \int\limits_{t}^{t_{end}} \frac{dt}{\tau_t} \propto \frac{1}{\tau = f(T_{UV}, \lambda, x_{AGR}, x_{fuel}, p_{zyl})} \overset{def}{=} 1 \qquad \text{Gl. 2.4}$$

$$I_{SZ} \propto A \cdot p^{-\alpha_1} \cdot \lambda^{\alpha_2} \cdot \exp\left(\frac{E_A}{R \cdot T}\right) \qquad \text{Gl. 2.5}$$

Die Erfassung der Selbstzündung aus den Messungen erfolgt durch verschiedene Methoden. Durch die schlagartige Umsetzung bei der Selbstzündung entstehen Druckwellen, die anhand der Indiziergeräte aufgezeichnet werden. Aus dem Arbeitsspiel ist zunächst bei ausreichendem Auflösungsgrad eine plötzlich auftretende Druckspitze und dem folgenden Druckschwankung zu entnehmen. In den Messdaten, die dieser Untersuchung zur Verfügung stehen ist die Auflösung der Messung kurbelwinkelgrad aufgelöst. Damit sind die sehr hohen Druckspitzen, die innerhalb sehr kleinen Zeitskalen wirken, nicht zu erkennen. Der **Abbildung 2.7** ist die Überlagerung der gemessenen Druckverläufe der einzelnen Arbeitsspiele respektive der berechneten Brennverläufe zu entnehmen. Zusätzlich ist das Ansteuersignal samt dem modellierten Einspritzverlauf dargestellt. Trotz der gröberen Auflösung sind Druckschwankungen zu erkennen. In **Abbildung 2.8** ist beispielhaftdie Differenzbildung zwischen dem ungefilterten und dem gefilterten Druckverlauf und dem daraus resultierenden Differenzdruckverlauf abgebildet. Werden die Differenz-druckverläufe über alle Einzelarbeitsspiele überlagert, kann aus der Bildung aus den Extrema der Differenzdruckverläufe ein Kennwert des hochfrequenten Anteils, die Klopfintensität (KI), ermittelt werden, siehe Gl. 2.6.

$$KI = \frac{1}{N_{ges}} \cdot \sum_{i=1}^{N_{ges}} \left[p(i) - p_{filt}(i) \right]^2 \qquad \text{Gl. 2.6}$$

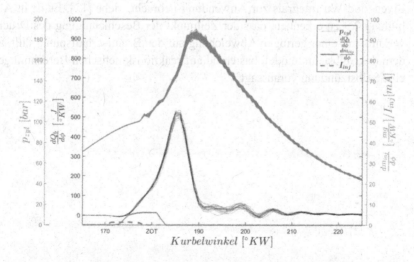

Abbildung 2.7: Darstellung der charakteristischen Zeiten eines Brennverlaufs bei Direkteinspritzung

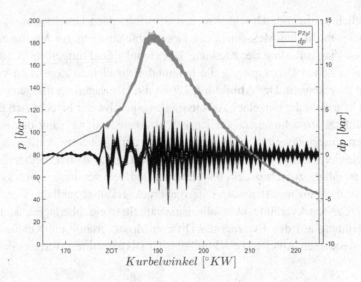

Abbildung 2.8: Rohwerte und Tiefpassgefilterte Werte des Druckverlaufs [Bremsblatt 235, 1800 Upm, 17 bar, χ_{Sub} 54 %]

Für die modellbasierte Analyse der Messdaten im Hinblick der Selbstzündung wurde ein für Erdgas entwickeltes Selbstzündmodell auf Basis des Livengood-Wu Integrals zur Anwendung gebracht, siehe [12]. Es ist in Abbildung 2.9 zu erkennen, dass der Zeitpunkt der Beschleunigung des Druckverlaufs mit einer geringen Abweichung auf den Brennverlaufspunkt fällt, an dem das Selbstzündmodell basierend auf reaktionskinetischen Berechnungen eine Selbstzündung voraussagt.

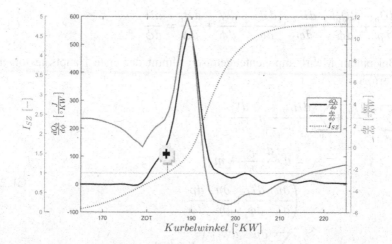

Abbildung 2.9: Anwendung unterschiedlicher Methoden zur Überprüfung einer Selbstzündung

2.4 Phänomenologische Verbrennungsmodelle

Die phänomenologische Modellierung beruht auf der deskriptiven Formulierung des Untersuchungsgegenstandes, die sich bei Verbrennungsmodellen auf die Umsetzungscharakteristika beruft. Neben der phänomenologischen Modellierung existiert die quasidimensionale Modellierung, in der eine rudimentäre, vereinfachte Ortsauflösung einbezogen wird. Die höchste Auflösungsstufe besitzt eine 3D-CFD Berechnung, die jedoch mit einem großen zeitlichen Aufwand ihren Vorteil bedarfsabhängig einbüßen kann.

2.4.1 Thermodynamische Grundlagen

Die phänomenologische Modellierung unterliegt einer thermodynamischen Bilanzierungszone. Hierbei wird eine Systemgrenze gezogen und eine Bilanzierung über das Gesetz der Energie- und Massenerhaltung durchgeführt. Der erste Hauptsatz der Thermodynamik für Verbrennungsmotoren im Hochdruckteil führt zur Gleichung Gl. 2.7.

$$\frac{dQ_b}{d\phi} + \frac{dQ_w}{d\phi} + \frac{dH_a}{d\phi} + \frac{dH_e}{d\phi} + \frac{dW}{d\phi} + \frac{dH_l}{d\phi} = \frac{dU}{d\phi} \qquad \text{Gl. 2.7}$$

Bei einem Mehrkomponentengemisch nimmt der erste Hauptsatz folgende Form an:

$$\sum_\mu \frac{dQ_{j,\mu}}{d\phi} + \sum_\nu \frac{dH_{j,\nu}}{d\phi} - p \cdot \frac{dV_j}{d\phi}$$

$$= u \cdot \frac{dm_{G,j}}{d\phi} + m_{G,j}$$

$$\cdot \left(\frac{\partial u}{\partial T} \cdot \frac{dT_j}{d\phi} + \frac{\partial u}{\partial p} \cdot \frac{dp}{d\phi} \right. \qquad \text{Gl. 2.8}$$

$$\left. + \sum_k \frac{\partial u}{\partial w_k} \cdot \frac{dw_{j,k}}{d\phi} \right) \ \forall \, j,k,\nu$$

Das in dieser Arbeit verwendete Zylindermodul berechnet anhand des ersten Hauptsatzes der Thermodynamik, mit Berücksichtigung der kalorischen Größen, thermodynamische Prozessgrößen [15],[16],[17],[18],[19].

2.4.2 Modellierung der konventionellen dieselmotorischen Verbrennung

Die Dieselverbrennung ist das Ergebnis eines komplexen Zusammenwirkens vieler Einflussgrößen. In vielen Modellen werden Phänomene wie Einspritz-charakteristik, Spray-Gemischbildung, Zündverzug und Verbrennung phä-nomenologisch abgebildet. Auch das Dieselmodell, das in dieser Arbeit zur Verwendung kommt deckt diese Phänomene ab [20].

2.4.2.1   *Einspritzung und Gemischbildung*

Aufgrund der besonderen Rolle der Einspritzung für den folgenden Brenn-verlauf besitzt die Einspritzmodellierung eine besondere Rolle für die Vor-hersagefähigkeit des Gesamtmodells. Die Inhomogenität des Sprays bedarf einer Modellierung ausgedrückt durch das Luftverhältnis λ, über das Sprayvolumen V, siehe Gl. 2.10.

$$m_{düse}(t) = \int_{V_\lambda} \rho_{mix} \cdot dV \qquad \text{Gl. 2.9}$$

Dabei dringt der Kraftstoff mit einer Geschwindigkeit, berechnet aus der Bernoulli Gleichung, in den Brennraum. Der Einspritzstrahl und dessen Ausbreitung sind im verwendeten Modellansatz durch Scheiben diskretisiert. Aus bekannter Einspritzdauer wird die notwendige Anzahl der zu diskretisierenden Scheiben bestimmt und initialisiert. Die Scheiben bewegen sich zunächst mit der konstanten Anfangsgeschwindigkeit bis die Breakup-Zeit erreicht wird, siehe Gl. 2.10. Ab diesem Zeitpunkt bricht der Flüssigkeitsstrahl aufgrund der Scherkräfte auf und eine Verlangsamung der Scheibe erfolgt mit gleichzeitigem Eindringen von gasförmiger Luft in die Scheiben.

$$t_{Breakup} = \frac{C \cdot d_{düse}}{u_{einsp}} \qquad \text{Gl. 2.10}$$

Das Verhältnis zwischen dem Kraftstoff und dem Sauerstoffangebot wird durch das Luftverhältnis λ ausgedrückt, siehe [21, S. 67–68]. Es werden folgende Definitionen des Luftverhältnisses λ genutzt, im Allgemeinen Gl. 2.11.

$$\lambda = \frac{m_{Luft}}{m_{Krst} \cdot L_{St}} \qquad \text{Gl. 2.11}$$

Für das Luftverhältnis zwischen der angesaugten Luft und dem Erdgas ergibt sich anhand des Luftbedarfs des Erdgases die Gl. 2.12. Wird hingegen das globale λ im Unverbrannten betrachtet wird kommt Gl. 2.13 zur Verwendung. Für die Betrachtung des Erdgases im unverbrannten Hintergrundgemisch wird Gl. 2.12 und für die globale Betrachtung im Unverbrannten Gl. 2.16 verwendet.

$$\lambda_{UV,CNG} = \frac{m_{UV,Luft}}{m_{UV,CNG} \cdot L_{St,CNG}} \qquad \text{Gl. 2.12}$$

$$\lambda_{UV,DF} = \frac{m_{UV,Luft}}{m_{UV,Diesel} \cdot L_{St,Diesel} + m_{UV,CNG} \cdot L_{St,CNG}} \qquad \text{Gl. 2.13}$$

Das Eindringen des Hintergrundgemischs bestehend aus Luft und eventuellen Inertgasen in die Scheibe verändert die Zusammensetzung und das Luftverhältnis der Scheiben. Während in der Flüssigphase der Dieselkraftstoff keine Gase aufnimmt, beginnt der Gasanteil nach der Breakup-Zeit zu wachsen. Das Verhältnis der Massenanteile zwischen Gas und Kraftstoff wird durch die Kenngröße Y_f ausgedrückt. Die Kenngröße wiederum kann in einer Abhängigkeit zur Luftzahl ausgedrückt werden, siehe Gl. 2.14.

$$Y_{Krst} = \frac{m_{Krst}}{m_{Gesamt}} = \frac{1}{1 + \lambda \cdot L_{St}} \qquad \text{Gl. 2.14}$$

Für die Beschreibung der Inhomogenität wurde die axiale Abmagerung durch eine Hyperbelfunktion in Abhängigkeit des Ortsvektors und des Düsendurchmesser ausgedrückt, siehe Gl. 2.15.

$$Y_{Krst,ax}(x) = C \cdot \frac{d_{eq}}{x} \qquad \text{Gl. 2.15}$$

Die Abmagerung in radialer Richtung hingegen wird durch die Stoffgröße Schmidt-Zahl und die geometrische Randbedingung, Radius des Spraykegels in Funktion einer Normalverteilung ausgedrückt, siehe Gl. 2.16.

$$Y_{krst} = Y_{krst,ax} \cdot \exp\left(-Sc \cdot \left(\frac{r}{R}\right)^2\right) \qquad \text{Gl. 2.16}$$

So durchläuft eine Scheibe Bereiche mit unterschiedlichen Luftverhältnissen: den flüssigen Bereich, indem aufgrund des Sauerstoffmangels keine Verbrennung stattfindet ($\lambda_l \leq 0.3$), den Bereich in Nähe des stöchiometrischen Luftverhältnisses ($\lambda_l > 0.3$ und $\lambda_o \leq 1.1$) und einen Bereich II, in dem Luftüberschuss vorhanden ist und somit die Reaktionen langsamer ablaufen ($\lambda_o > 1.1$), siehe **Abbildung 2.10**

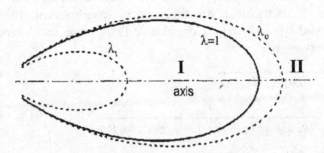

Abbildung 2.10: Dieselkeulenkontur in Abhängigkeit der Luftverhältnisbereiche [20]

Sind die aktuellen Massenverhältnisse über den diskretisierten Spray bekannt, kann eine Mittelung der Luftzahl ermittelt werden, siehe Gl. 2.17.

$$\lambda_{Strahl,Diesel} = \frac{1}{\overline{Y_{Krst}} \cdot L_{St,Diesel} - \frac{1}{L_{St,Diesel}}} \qquad \text{Gl. 2.17}$$

Aufgrund der berechneten mittleren Massenverteilung im Spray kann auch die Gesamtdichte mit Berücksichtigung der Komponenten errechnet werden, siehe Gl. 2.18.

$$\rho_{Krst} = \frac{m_{Krst}}{V_{mix}} == \frac{\rho_{Luft} \cdot \rho_{diesel}}{\rho_{Luft} + (1 - \overline{Y_{Krst}}) \cdot \rho_{Diesel}} \qquad \text{Gl. 2.18}$$

Die ermittelte Dichte wird verwendet, um die Masse in den Scheiben zu berechnen, siehe Gl. 2.19.

$$m_{Scheibe} = \rho_{krst} \cdot V_{Scheibe} \qquad \text{Gl. 2.19}$$

So stehen für die erforderlichen Bereiche II und III, durch Summierung der einzelnen Scheiben, die Massen zur Umsetzung zur Verfügung. Die Kraftstoffumsatzraten in den Bereichen ergeben sich mit einem Modellkoeffizienten c_{Diff} und einer zu modellierenden charakteristischen Umsatzzeit τ, ausgedrückt durch die Turbulenz im Brennraum und dem Zylindervolumen als charakteristische Länge, siehe Gl. 2.20.

$$\frac{dm_{b,(I / II)}}{dt} = c_{Diff} \cdot m_{Diesel,(I / II)} \cdot \frac{1}{\tau} \qquad \text{Gl. 2.20}$$

Nach der Multiplikation der zur Umsetzung zur Verfügung stehenden Dieselmasse und einem Umrechnungsfaktor der Zeitdimension mit dem Heizwert wird die Brennrate pro Grad Kurbelwinkel berechnet, siehe Gl. 2.21.

$$\frac{dQ_{b,Diesel}}{d\phi} = \left(C_{Diff,I} \cdot m_{Diesel,I} \cdot \frac{\sqrt{k_{turb,I}}}{\sqrt[3]{V_{zyl}}} + C_{Diff,II} \right.$$
$$\left. \cdot m_{Diesel,II} \cdot \frac{\sqrt{k_{turb,II}}}{\sqrt[3]{V_{zyl}}} \right) \cdot H_{u,Diesel} \cdot \frac{dt}{d\phi} \qquad \text{Gl. 2.21}$$

2.4.2.2 Reaktionsrate

Für die Umsetzung der Kraftstoffmasse muss der Zündverzug bereits verstrichen sein. Für die Modellierung des Zündverzugs eignen sich Mehrschrittmodelle, Zeitskalen Modelle oder Eingleichungsmodelle [8, S. 490]. Das, dieser Arbeit zu Grunde liegende, Dieselverbrennungsmodell berechnet den Zündverzug anhand des Eingleichungsmodells. Für die Berechnung des Zündverzugs werden zwei dominante Einflüsse berücksichtig, die Temperatur und die Durchmischung. Die Berücksichtigung erfolgt durch die Überlagerung des Magnussen- und des Arrhenius- Ansatzes, Gl. 2.22.

$$\tau_{ZV} = \tau_{mag} + \tau_{Arr}. \hspace{3cm} \text{Gl. 2.22}$$

In den temperaturgesteuerten Arrhenius-Ansatz wirken Kraftstoff- und Sauerstoffkonzentration c_{Krst} und c_{O2}, die Aktivierungstemperatur T_A, in der Exponentialfunktion die Brennraumtemperatur T_{Zyl} und Motor- bzw. kraftstoffspezifische Anpassungsparameter c_{Arr} ein, Gl. 2.23.

$$k_{Arr} = C_{Arr} \cdot c_{krst} \cdot c_{O_2} \cdot p^a e^{-\frac{T_A}{T_{zyl}}} \hspace{2cm} \text{Gl. 2.23}$$

Der Magnussen-Ansatz beruht auf dem Eddy-Breakup-Modell und berücksichtigt die Durchmischung zwischen Kraftstoff und Oxidator. Die Reaktionsrate steht in diesem Ansatz proportional zu einer charakteristischen Mischungszeit $\left(\frac{\epsilon}{\kappa}\right)$ mit einer Modellkonstante C_{mag} und der ratenbestimmende Konzentration c_R, siehe Gl. 2.24.

$$k_{Mag} = C_{mag} \cdot c_R \cdot \left(\frac{\epsilon}{k_{turb}}\right) \hspace{2.5cm} \text{Gl. 2.24}$$

Die Mischungszeit wird in motorischen Größen über die Taylorapproximation ausgedrückt, siehe Gl. 2.25.

$$\epsilon = \frac{\sqrt{k_{turb}}}{2 \cdot l} \hspace{4cm} \text{Gl. 2.25}$$

Aus dieser Beziehung folgt die Reaktionsrate mit der dominanten Abhängigkeit der Turbulenz, siehe Gl. 2.26.

$$r_{mag} = \frac{c_R}{\tau} = c_R \cdot \frac{\sqrt{k_{turb}}}{\sqrt[3]{V_{zyl}}} \hspace{2.5cm} \text{Gl. 2.26}$$

Von Beginn bis Ende der Berechnung werden beide Terme integriert. Das Reziprok dieser Zeiten wird als Reaktionsrate definiert und nach Erreichen eines Grenzwertes wird die kritische Radikalbildung zur Umsetzung erreicht, siehe Gl. 2.27.

$$k_{ZV}(t) = \frac{1}{\tau_{ZV}} = \frac{1}{\frac{1}{r_{mag}} + \frac{1}{r_{Arr}}} \qquad \text{Gl. 2.27}$$

2.4.3 Modellierung der konventionellen ottomotorischen Verbrennung

Bei der Modellierung einer ottomotorischen Verbrennung wird der Brennraum in eine unverbrannte und in eine verbrannte Zone unterteilt. Beide Zonen werden durch eine infinitesimal breite Flammenzone getrennt, die sich von einer kugelförmigen Flammenoberfläche von einem zentralen Punkt aus, wie z.B. der Zündkerze, ausbreitet. Die Flammenoberfläche wird im Pre-Processing-Schritt in Abhängigkeit des relativen verbrannten Volumens und der Kolbenposition tabelliert und kommt zur Laufzeit der Berechnung als Flächengröße A_F zur Verwendung, siehe [22], [23].

Der Massenstrom, der in die Flammenoberfläche eindringt, wird anhand des Kontinuitätsgesetzes ermittelt. Die im Vorfeld tabellierte Flammenoberfläche, die Kenntnis der Dichte im Unverbrannten und die Eindringgeschwindigkeit u_E sind für die Berechnung der eindringenden Masse erforderlich. Letztere ergibt sich aus der Superposition von turbulenter Schwankungsgeschwindigkeit u_{turb} und laminarer Flammengeschwindigkeit s_L. Hierbei wird der von Dammköhler formulierte Zusammenhang verwendet, siehe Gl. 2.28.

$$u_e = \left(1 + C_{turb,1} \cdot \frac{u'}{s_L} \right)^{C_{turb,2}} \cdot s_L \qquad \text{Gl. 2.28}$$

mit C_{turb} und n_{turb} als Anpassungskonstanten.

$$\frac{dm_e}{dt} = \rho_{UV} \cdot A_F \cdot u_e \qquad \text{Gl. 2.29}$$

Für die Ermittlung der turbulenten Schwankungsgeschwindigkeit ist die Berechnung unterschiedlicher Turbulenzquellen zu berücksichtigen. Zunächst strömt das Kraftstoffgemisch durch den Ventilspalt und kann dabei Geschwindigkeiten um das 10-fache der Kolbengeschwindigkeit erreichen. Hierbei entstehen großskalige Wirbelstrukturen. Als weitere Turbulenzquelle kommt die Quetschströmung hinzu, hervorgerufen durch die Bewegung zwi-

schen Kolben und Zylinderkopf. Die wesentliche Turbulenzquelle bei vor-
handener Direkteinspritzung ist die Einspritzturbulenz, siehe **Abbildung
2.11**, **Abbildung 2.12** und **Abbildung 2.13**. Die generierten Turbulenzen
zerfallen mit der Zeit aufgrund der Viskosität und der inneren Reibung zu
kleineren Wirbelstrukturen, bis sie vollends dissipieren, siehe Gl. 2.30.

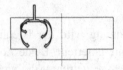      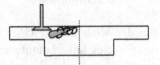

Abbildung 2.11:   **Abbildung 2.12:**   **Abbildung 2.13:**
Turbulenzgenerie-   Turbulenzgenerie-   Turbulenzgenerierung
rung durch die   rung durch die   durch Einspritzung
Einlassströmung   Quetschströmung

$$\frac{dk}{dt} = -\frac{2}{3} \cdot \overbrace{\frac{k_{turb}}{V_{zyl}} \cdot \frac{dV_{zyl}}{dt}}^{Kolben} - \overbrace{\epsilon_{Diss} \cdot \frac{k_{turb}^{1.5}}{l}}^{dissipation}$$

$$+ \overbrace{\left(\epsilon_q \cdot \frac{k_q^{1.5}}{l}\right)}^{Quetschströmung}_{\phi > FTD} + \overbrace{\epsilon_{inj} \cdot \frac{dk_{inj}}{dt}}^{Einspritz} \qquad \text{Gl. 2.30}$$

$$+ \overbrace{\epsilon_{Swirl} \cdot \frac{S_{Kolben}}{l}}^{Drall}$$

$$\text{wobei gilt: } l = \left(\frac{6 \cdot V_{zyl}}{\pi}\right)^{\frac{1}{3}} \text{ und } u_{turb} = \sqrt{\frac{2}{3} \cdot k_{turb}}$$

Zusätzlich zur Turbulenz wird für die Berechnung der Eindringgeschwindigkeit die laminare Flammengeschwindigkeit benötigt. Reaktionskinetische
Untersuchungen u.a. ergeben, dass diese Geschwindigkeit in Abhängigkeit
des Drucks, der Temperatur, dem Luftverhältnis und dem Inertgasanteil
steht. Diese Abhängigkeiten wurden im verwendeten Modell berücksichtigt
und validiert [24].

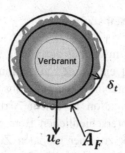

Abbildung 2.14: Darstellung einer ottomotorischen Flammenausbreitung mit charakteristischen Größen

Da die in die Flammenoberfläche eindringende Masse einer Umsetzungszeit ausgesetzt ist, wird in einem nächsten Schritt die Modellierung der charakteristischen Wirbellänge und im Anschluss die charakteristische Brenndauer τ_L vorgestellt. Die Taylor-Wirbellänge wird in Gl. 2.31 ermittelt, mit der Länge l als integrales Längenmaß und dem Vorfaktor χ_T.

$$\delta_t = \sqrt{\chi_T \cdot \frac{v_{turb} \cdot l}{u_{turb}}}$$

Gl. 2.31

Hieraus wird die Umsetzungszeit $\tau = \frac{l_T}{s_l}$ ermittelt, siehe Gl. 2.32.

$$\frac{dm_b}{d\phi} = \frac{m_e - m_b}{\tau}$$

Gl. 2.32

Die Multiplikation mit dem Heizwert und dem Umrechnungsfaktor für die Zeitdimension ergibt sich der deflagrative Brennverlauf, siehe Gl. 2.33.

$$\frac{dQ_b}{d\phi} = \left(\frac{m_e - m_b}{\tau}\right) \cdot H_{u,CNG} \cdot \frac{dt}{d\phi}$$

Gl. 2.33

2.4.4   Modellierung der Selbstzündung

Für die Modellierung der Umsetzung durch den Mechanismus der Selbstzündung bedarf es zunächst ein Modell zur Simulation der Selbstzündzeit
[13]. Hierbei wurden die Ergebnisse der reaktionskinetischen Berechnungen
über eine Weisser-Approximation in einem Arrhenius-Ansatz verwendet,
siehe Gl. 2.34. Die drei unterschiedlichen Bereiche in der Selbstzündung
werden hierbei im Reziprok zu einer globalen Zündverzugszeit berechnet.
Das Integral kann als Energiezustand aufgefasst werden, der bei Erreichen
eines Grenzwerts als eine Zündung interpretiert werden kann.

$$\frac{1}{\tau} = \frac{1}{\tau_1 + \tau_2} + \frac{1}{\tau_3} \qquad\qquad\text{Gl. 2.34}$$

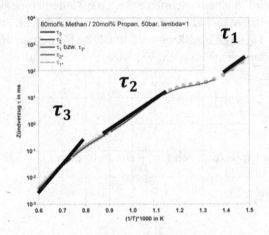

Abbildung 2.15: Modellierung der kraftstoffabhängigen Selbstzündung
durch die Weisser-Approximation nach [13]

Die Grenzen der Untersuchung des Selbstzündmodells für die Modellierung
der Selbstzündung können der nachfolgenden Tabelle entnommen werden.
Der Ansatz deckt den Betriebsbereich einer Dual-Fuel Verbrennung fast
komplett ab.

Tabelle 2.1: Wertebereich der Selbstzünduntersuchung in [13]

Variation	Wertebereich
Anteil Sekundärgas	0–40 mol% C_2H_6 C_3H_8, C_4H_{10}, H_2
T_{UV}	500 bis 2000K
p	1 bis 200 bar
λ	0.9 bis 3
x_{AGR}	0 bis 50 %

3 Messdatenanalyse

Um Erkenntnisse über die Verbrennungsmechanismen zu erhalten werden bei ansonsten nahezu identischen Randbedingungen Variationen untersucht. So kann eine Vorstellung über das Verhalten der Dual-Fuel Verbrennung gewonnen werden, welche als Grundlage der Modellierung dient.

3.1 Versuchsträger

Der Versuchsträger ist ein Einzylinder4-Takt Basisaggregat mit der Bezeichnung MAN D0834, welcher über einen Bohrungsdurchmesser von 108 mm und ein Hub von 125 mm verfügt. Das Gesamtvolumen beträgt hierbei 1.145 Liter. Das sich ergebende geometrische Verdichtungs-verhältnis beträgt 17.3. Das System besitzt aufgrund des Kompressors einen ansaugseitigen Freiheitsgrad für die Variation der hiesigen Zustände. Im weiteren Trakt des Gaspfads erfolgt die Beigabe von Erdgas in einen Beruhigungsbehälter. Die Einblasung in den Beruhigungsbehälter und die relativ lange Ansaugstrecke sorgen für eine homogene Durchmischung, um dann als homogenes Erdgas-Luft-Gemisch in den Zylinder angesaugt zu werden. Ferner ist ein Common-Rail Einspritzsystem eingebaut, das mit einem nominellen Spitzendruck von 1800 bar operieren kann. Eine Einspritzdüse mit neun Düsenlöchern sorgt für die Einbringung des Dieselkraftstoffs in den Brennraum. Dem anfänglichen Abgastrakt folgt durch ein gesteuertes AGR-Ventil eine Aufteilung in einen externen AGR-Pfad mit zwei Konditionierungsteilsystemen und einen Pfad, in dem das Abgas in einen Beruhigungsbehälter geführt und von dort aus, nach erfolgter Emissionsmessung, durch ein Regelsystem mittels Abgasklappe in die Umwelt abgeführt wird. Weitere Informationen zum Aggregat sind der Tabelle 3.1 zu entnehmen. Darüber hinaus wurde das System mit verschiedenen Standardsensoren für Druck und Temperatur bestückt, um den thermodynamischen Zustand zu erfassen, siehe Abbildung 3.1.

© Springer Fachmedien Wiesbaden GmbH, ein Teil von Springer Nature 2020
Ö. Ünal, *Phänomenologische Modellierung der Dieselverbrennung auf homogenem Grundgemisch*, Wissenschaftliche Reihe Fahrzeugtechnik Universität Stuttgart, https://doi.org/10.1007/978-3-658-28914-0_3

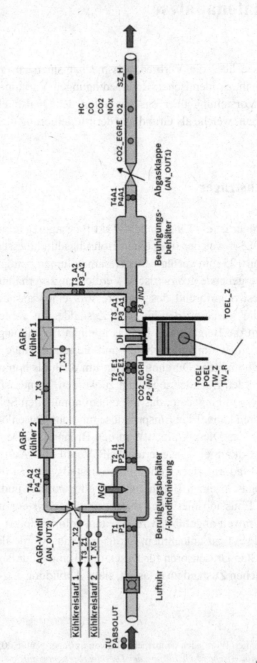

Abbildung 3.1: Prüfstandaufbau im Rahmen des Forschungsprojekts [3]

Tabelle 3.1: Motorspezifikationen

Motor: MAN D0834	Formelzeichen	Einheit	Wert
Kolbenhub	h_K	[mm]	125
Bohrungsdurchmesser	d_B	[mm]	108
Pleuellänge	l_{pl}	[mm]	196
Hubraum	V_h	[cm³]	1145
Kompressionsvolumen	V_c	[cm³]	61.4
Geometrisches Verdichtungsverhältnis	ϵ_{geo}	[-]	17.3
Max Zylinderdruck	p_{max}	[bar]	200
max. Druckgradient	$\dfrac{dp}{d\phi_{max}}$	[bar/°KW]	20
Anzahl der Ventile	N_V	[-]	4
Öffnungsdauer	ϕ_{EV}	°KW	187
Öffnungsdauer	ϕ_{AV}	°KW	226
Einlass öffnet	$\phi_{EÖ}$	°KW n. GOT	10
Auslass schließt	ϕ_{AS}	°KW v. GOT	2
Durchmesser, Hub Einlassventil	d_{EV}, h_{EV}	[mm]	38,10
Durchmesser, Hub Auslassventil	d_{AV}, h_{AV}	[mm]	34,10
Hochdruckrail	[-]	[-]	Rail HFRN – 20
Injektor	[-]	[-]	9-Loch-Düse

3.2 Versuchsprogramm

Die Messdaten der relevanten drei Drehzahlstufen und vier Lastebenen werden betrachtet, siehe **Abbildung 3.2**.

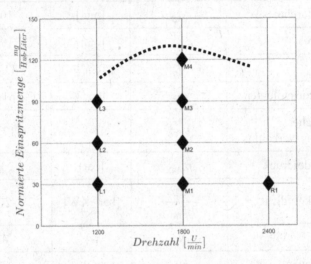

Abbildung 3.2: Die betrachteten Drehzahl- und Lastebenen aus der Messung mit der gepunkteten Linie als Volllastlinie

Jedoch kommen nicht alle Messungen für die Analyse in Frage. In **Abbildung 3.3** ist zu erkennen, dass der Brennverlauf bei unterer Teillast mit stei-
gender Substitutionsrate flacher abfällt. Dass dieses Verhalten nicht auf spe-
zielle Dual-Fuel Verbrennungscharakteristika zurückzuführen ist, sondern
auf das Einfrieren der Umsetzung, aufgrund der niedrigen Temperaturen, ist
durch die Betrachtung des Umsetzungwirkungsgrad η_{um} zu erkennen. Dadurch fallen diese Messungen für eine Verbrennungsanalyse aus.

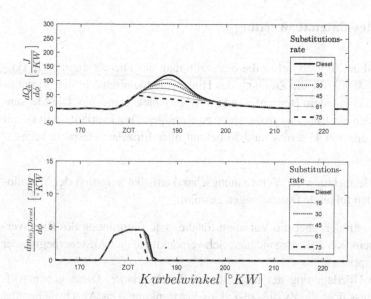

Abbildung 3.3: Brennverlauf einer Substitutionsratenvariation in unterer Teillast [Bremsblatt 419, 1800 Upm]

Tabelle 3.2: Kenngrößen einer Substitutionsratenvariation in unterer Teillast [Bremsblatt 419, 1800 Upm]

BP 419	χ_{Sub}	H_{50}	p_{Rail}	x_{AGR}	pmi	n_{Motor}	λ_{CNG}	η_c
1	0	9			4.5		∞	99.8
4	30	9.5	1700	0	2.8	1800	15	80
6	75	10			0.5		5.8	60

3.3   Messdatenauswertung

Im Dual-Fuel Betrieb liefert die Selbstzündung des Diesels die nötige Aktivierungsenergie für die Zündung des Hintergrundgemischs. In den Variationen wurden in jedem Betriebspunkt 98 Arbeitsspiele gemessen. Die Messungen wurden als Eingangsgröße einer zweizonigen Druckverlaufsanalyse mit
vorangegangener Filterung und Mittelung aller Einzelarbeitsspiele verwendet.

Bei der Betrachtung der Verbrennungscharakteristika aufgrund der Variationen werden folgende Darstellungen gewählt:

1. Kenngrößen über die Variation für die erste Einordnung des Brennver-
    haltens wie z.B.: Brenndauer, Schwerpunktlage und Ansteuerbeginn der
    Einspritzung
2. Die Überlagerung der ungefilterten Druckverläufe. Diese geben Auf-
    schluss über die Zyklus-zu-Zyklus-Schwankung. Das Abschwächen der
    Zyklus-zu-Zyklus-Schwankungen kann auf einen anderen Umsatzme-
    chanismus hindeuten. Ebenso kann es interessant sein ggf. vorhandene
    hochfrequente Anteile in den Zylinderdruckverläufen der Einzelarbeits-
    spiele zu sehen. Diese deuten auf Selbstzündungen im CNG-Endgas-
    gemisch hin („Klopfen")
3. Brennverläufe

Zur Berechnung des Selbstzündverhaltens wurde das Selbstzündmodel [12]
auf die Messdaten angewandt, das durch eine genaue Gasanalyse exakt beda-
tet werden konnte, siehe Abbildung 3.4 und Abbildung 3.5. Der Selbstzünd-
zeitpunkt laut reaktionskinetischer Berechnung wird in den Diagrammen bei
Bedarf der folgenden Abschnitte anhand der Kreuzmarkierung dargestellt.

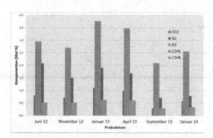

Abbildung 3.4: Der Komponentenanteil im verwendeten Erdgas (Methan ausgeschlossen)

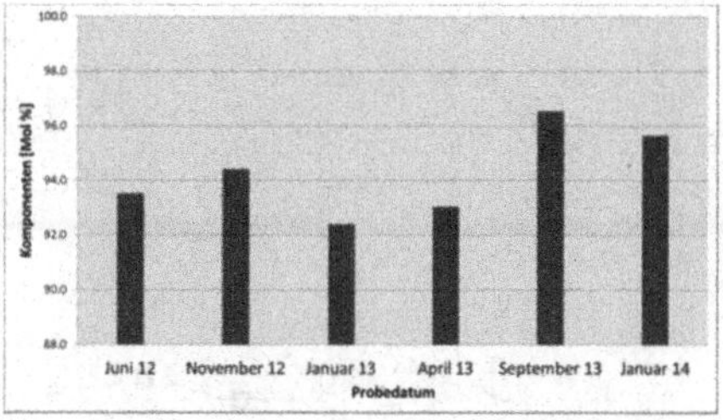

Abbildung 3.5: Der Methananteil im verwendeten Erdgas

3.4 Variation der Substitutionsrate

Die Substitutionsrate gibt an wie viel der Dieselmenge bei gleichbleibender Energiemenge durch Erdgas ersetzt wird, siehe Gl. 3.1. Die Extrema befinden sich zwischen reinem Diesel ($\chi_{Sub} \cong 0\,\%$) und dem Zündstrahlverfahren ($\chi_{Sub} > 90\,\%$).

$$\chi_{Sub} = \frac{m_{Diesel} \cdot H_{u,Diesel}}{m_{Diesel} \cdot H_{u,Diesel} + m_{CNG} \cdot H_{u,CNG}} \qquad \text{Gl. 3.1}$$

Die sukzessive Reduzierung der Dieselmenge bei gleichbleibender Energiemenge wird als Substitutionsratenvariation bezeichnet. An dieser Stelle werden die Variationen einer Untersuchung unterzogen, die einen konstanten Einspritzzeitpunkt aufweisen. Durch das Einblasen von Erdgas wird jedoch Luft verdrängt und somit nimmt bei konstantem Ladedruck die Luftmenge über die Substitution hinweg ab. Aus diesem Grund fällt das Luftverhältnis leicht von λ=1.75 auf 1.65 ab. Die Verbrennungsdauer nimmt ab etwa 20 % Substitutionsrate kontinuierlich ab, siehe **Abbildung 3.6**.

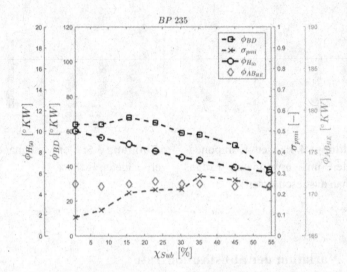

Abbildung 3.6: Die Veränderung der Prozessgrößen bei der Variation der
Substitutionsrate [Bremsblatt 235, 16 bar pmi, 1800 Upm]

Weitere Erkenntnisse können über die Einzelarbeitsspielbetrachtung gewonnen werden. Dem Druckverlauf der konventionellen Dieselverbrennung in
Abbildung 3.7 ist in Abbildung 3.8 der Druckverlauf bei einer Substitutionsrate von 54 % gegenübergestellt. Es ist zu erkennen, dass der Druckverlauf
bei einer höheren Substitutionsrate eine höhere Zyklenschwankung aufweist.
Des Weiteren sind hochfrequente Anteile bei höheren Substitutionsraten zu
erkennen.

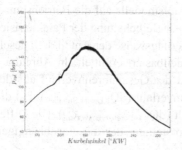 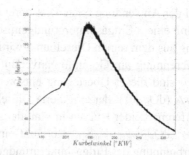

Abbildung 3.7: Überlagerung der 98 Einzelarbeitsspiele an einem Diesel BP [Bremsblatt 235, 1800 Upm, 17 bar, χ_{Sub} 0 %]

Abbildung 3.8: Überlagerung der 98 Einzelarbeitsspiele an einem DF BP [Bremsblatt 235, 1800 Upm, 17 bar, χ_{Sub} 54 %]

Der **Abbildung 3.9** sind die Brennverläufe aus einer DVA zu entnehmen, samt der Darstellung der Einspritzverläufe. Es ist erkenntlich, dass der Zündverzug bei konstantem Einspritzbeginn und einer Auflösung von 1 °KW nicht zu unterscheiden ist. Hieraus ist die Erkenntnis zu gewinnen, dass das Hintergrundgemisch unter den Randbedingungen eines Nutzfahrzeug-Dieselmotors praktisch keinen Einfluss auf den Zündverzug der Dieselverbrennung besitzt.

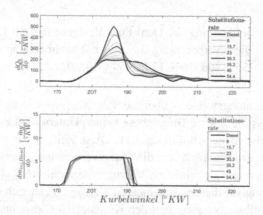

Abbildung 3.9: Überlagerung der Brennverläufe einer Substitutionsraten-variation [Bremsblatt 235, 1800 Upm, 17 bar]

Bei der Anwendung eines Dieselbrennverlaufsmodells auf die Betriebspunkte mit einem Erdgashintergrundgemisch unter Beibehaltung der Parametrisierung aus dem reinen Dieselpunkt wird näherungsweise der Anteil der Dieselverbrennung am Gesamtbrennverlauf modellbasiert ermittelt. In Abbildung 3.10 sind dieser Überlegung entsprechend der Gesamtbrennverlauf aus der DVA ($dQ_{b,DVA}$), der simulierte Dieselbrennverlauf ($dQ_{b,Diesel\ Simuliert}$) und die Differenz beider Kurven in blau dargestellt ($dQ_{b,Differenzbrennverlauf}$). Die Differenz ($dQ_{b,Differenzbrennverlauf}$) erlaubt eine Vorstellung der dieselunabhängigen Verbrennung des Erdgashintergrundgemischs.

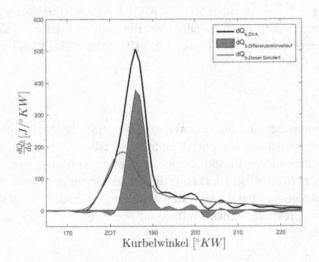

Abbildung 3.10: Betrachtung der Dual Fuel Verbrennung mit Einbezug der Dieselverbrennung in reiner Luftumgebung [Bremsblatt 235, 1800 Upm, 17 bar, χ_{Sub} 30 %]

Aus dieser Betrachtungsweise ist über die Substitutionsratenvariation hinweg zu erkennen, dass die initiale Brennphase keinen Unterschied zur Dieselverbrennung aufweist, siehe **Abbildung 3.11**. Diese Zeit, in der die Dual-Fuel Verbrennung nahezu identisch wie die Dieselverbrennung verläuft, wird im Weiteren als Phase des „scheinbaren Verzugs" bezeichnet (τ_{SchV}). Als naheliegende Erklärung für diesen „scheinbaren Verzug" bietet sich der Wettlauf um das Sauerstoffangebot zwischen den Kraftstoffen Diesel und Erdgas an. Die Verbrennung ist in dieser Phase durch den Sauerstoffmangel kontrolliert. Im weiteren Verlauf ist für die Substitutionsratenvariation charakteristisch, dass bei steigernder Sub-stitutionsrate sowohl der Verbrennungsschwerpunkt des Differenzbrennverlaufs als auch des Gesamtbrennverlaufs in Richtung früh wandert. Dies ergibt kürzere Brenndauern bei höheren Substitutionsraten. Hierdurch bedingt steigt die maximale Brennrate und der bei niedrigen Substitutionsraten vorhandene lange Ausbrand wandelt sich in eine glockenförmige Form.

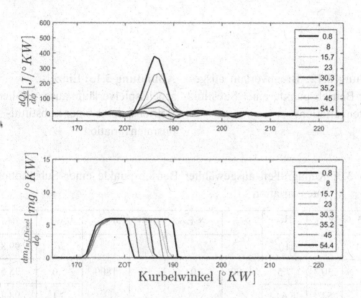

Abbildung 3.11: Änderung des Differenzbrennverlaufs über die Substitutionsratenvariation [1800 Upm, 17 bar]

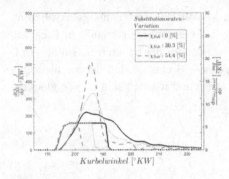
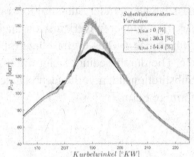

Abbildung 3.12: Brennverlauf ausgewählter Betriebspunkte einer Substitutionsratenvariation

Abbildung 3.13: Einzelarbeitsspielverläufe ausgewählter
Betriebspunkte einer Substitutionsratenvariation

Tabelle 3.3: Kenngrößen ausgewählter Betriebspunkte einer Substitutionsratenvariation

BP 235	χ_{Sub}	H_{50}	p_{Rail}	x_{AGR}	pmi	n_{Motor}	λ_{CNG}	η_{um}
1	0	10					∞	99.8
5	30.3	7.5	1600	0	17	1800	5.6	98.5
8	54.4	6					3.1	98.4

3.5   Raildruckvariation

Die Einspritzung ist beim Dieselmotor eine wesentliche Turbulenzquelle.
Durch die Erhöhung der Turbulenz steigt die kinetische Energie im Brennraum, welche zur Reduzierung der Mischzeit zwischen Kraftstoff und Luft
führt. Bei schnellerer Vermischung mit dem Reaktionspartner verkürzt sich
die Verbrennungsdauer einer Dieselverbrennung. So wird durch die Veränderung des Raildrucks die Dieselverbrennung maßgeblich beeinflusst. Des
Weiteren sind die Strahlpenetrationslänge, sowie die Tropfenbildung eine
Funktion des Raildrucks. Eine größere Penetrationslänge hat zusätzlich zur
Folge, dass die Oberfläche der Dieselkeule sich vergrößert: Die Vergröße-

rung sollte in der Vorstellung einer ottomotorischen Flammenausbreitung, die Verbrennungsgeschwindigkeit des Hintergrundgemisch fördern, da damit eine größere Flammenoberfläche A_F zur Verfügung steht. Ferner ändert eine Raildruckvariation deutlich die Turbulenz im Brennraum und damit die Eindringgeschwindigkeit bei einer deflagrativen Flammenausbreitung, siehe Gl. 2.28. Im Rahmen der Untersuchung wurde bei konstanter Substitutionsrate eine Raildruckvariation vorgenommen. Die Substitutionsrate betrug 60 % und der Raildruck wurde von 800 bar bis 1800 bar variiert. Die Variation wurde bei konstanter Schwerpunktlage betrieben. Bei der reinen Dieselverbrennung nimmt der Zündverzug bei einer Erhöhung des Raildrucks geringfügig zu. Die Verkürzung steht in Abhängigkeit zur Verdampfungsgeschwindigkeit, siehe [26, S. 42].

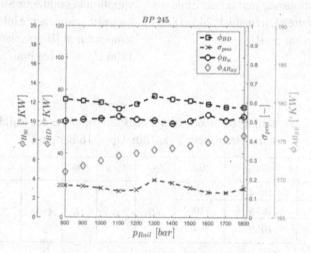

Abbildung 3.14: Die Veränderung der Prozessgrößen bei der Variation des Raildruck [Bremsblatt 245, 1800 Upm, 16 bar pmi]

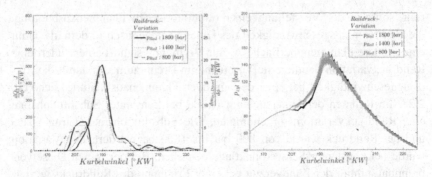

Abbildung 3.15: Brennverläufe bei einer Raildruckvariation bei mittlerer Substitutionsrate und hohen Einlasstemperaturen [Bremsblatt 245, 1800 Upm, 16 bar pmi]

Abbildung 3.16: Einzelarbeitsspielverläufe bei einer Raildruckvariation bei mittlerer Substitutionsrate und hohen Einlasstemperaturen [Bremsblatt 245, 1800 Upm, 16 bar pmi]

Tabelle 3.4:   Kenngrößen ausgewählter Betriebspunkte der Raildruckvariation, [Bremsblatt 245, 1800 Upm, 16 bar pmi]

BP 245	H_{50}/ϕ_{AB}	p_{Rail}	χ_{Sub}	x_{AGR}	pmi	n_{Motor}	λ_{CNG}	η_{um}
1	10/-4	1800						98.5
5	10/-6	1400	60	0	16	1800	2.4	98.5
11	10/-9	800						98.3

Es ist zu erkennen, dass die Raildruckvariation keine merklichen Unterschiede hervorruft. Mit abnehmendem Raildruck ist eine leichte Tendenz im Zündverzug zu erkennen und der Spitzenwert der Verbrennung nimmt leicht ab. Nahezu identisch verläuft jedoch die initiale Brennphase und der Ausbrand. Dies widerspricht dem Verhalten, das bei einer turbulenten Flammenausbreitung des Hintergrundgemischs zu erwarten gewesen wäre und deutet auf andere Umsetzungsmechanismen des Erdgashintergrundgemischs. In **Abbildung 3.17** werden die Betriebspunkte mit 1700 bar und 900 bar Raildruck verglichen. Zusätzlich zum Brennverlauf aus der Druckverlaufsanalyse $dQ_{B,DVA}$ ist im mittleren Diagramm der simulierte Brennverlauf des Dieselanteils dargestellt. Man erkennt die typische Änderung der Dieselverbrennung über dem Raildruck. Im unteren Diagramm ist der Differenzbrennverlauf zwischen Druckverlaufsanalyse $dQ_{B,DVA}$ und simulierter Dieselverbrennung dargestellt, der als Indikator für die Umsetzung des Hintergrundgemischs dient. Dieser Differenzbrennverlauf zur Charakterisierung des CNG-Umsatzes unterscheidet sich im Anstieg wie auch im Ausbrand nur unwesentlich, obwohl der Raildruck um 800 bar variiert. Die Oberflächengröße der Flammenkeule und die Turbulenz im Brennraum beeinflussen die Verbrennung des Erdgashintergrundgemischs offensichtlich nicht merklich.

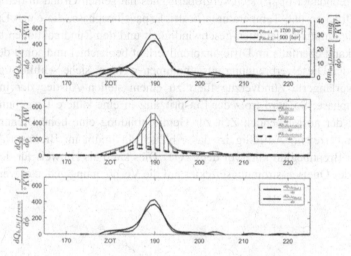

Abbildung 3.17: Gegenüberstellung des Brennverlaufsaus der DVA (oben), samt des simulierten Dieselbrennverlaufs (Mitte) und der Brennverlauf durch Differenzbildung zwischen Brennverlauf aus der DVA und dem Dieselmodell (unten)

Tabelle 3.5: Kenngrößen der Raildruckvariation

BP 245	SOI	p_{Rail}	χ_{Sub}	x_{AGR}	pmi	n_{Motor}	λ_{CNG}
2	177	1700	61	0	17	1800	2.4
10	174	900					

3.6   Variation des Einspritzzeitpunkts

Der Einspritzzeitpunkt besitzt einen großen Einfluss auf die Dieselverbrennung. Der Einfluss der Einspritzzeitpunktvariation wurde bei verschiedenen
Drehzahlen untersucht. Die Ergebnisse der Untersuchung einer Einspritzzeitpunktvariation bei einer Drehzahl von 1200 Upm und einer Substitutionsrate
von 42 % sind Gegenstand der anstehenden Analyse. Es ist klar erkenntlich,
dass mit spätem Einspritzzeitpunkt die Verbrennung „verschleppt" wird und
die Brenndauer (ϕ_{BD}) sich vergrößert. Dies hat seinen Grund in den fallen-
den Drücken und Temperaturen in der Expansionsphase, die einen Einfluss
auf die laminare Flammen-geschwindigkeit und den Zündreaktionen besitzt.
Dies kann ebenfalls im Differenzbrennverlauf beobachtet und somit der Einfluss der Dieselverbrennung ausgenommen werden, siehe **Abbildung 3.22**.
Der verlängerte Zündverzug führt zu einem steilen Anstieg der initialen
Brennphase. So wird trotz der Einspritzung in eine kältere Umgebung aufgrund der ausreichenden Zeit zur Gemischbildung eine hohe Brennrate zu
Beginn erreicht. Auffällig ist das erhöhte Maximum im Brennverlauf bei
einem Brennbeginn kurz vor dem ZOT. Dies kann als Hinweis für den Einfluss des Quetsch-strömungseffektes auf die Verbrennung gedeutet werden.

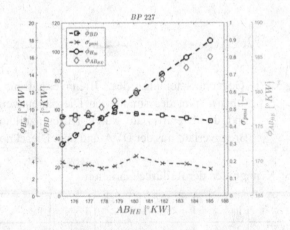

Abbildung 3.18: Die Veränderung der Prozessgrößen bei der Variation des
Einspritzzeitpunktes im Betriebspunkt [Bremsblatt 227,
1200 Upm, 17 bar pmi]

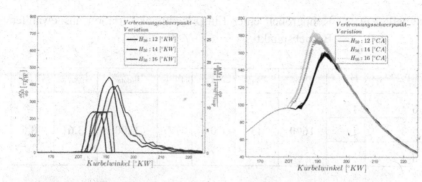

Abbildung 3.19: Brennverläufe einer SOI-Variation [Bremsblatt 227, 1200 Upm, 17 bar pmi]

Abbildung 3.20: Einzelarbeitsspiele einer SOI-Variation [Bremsblatt 227, 1200 Upm, 17 bar pmi]

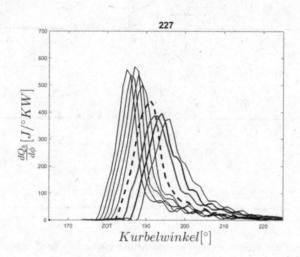

Abbildung 3.21: Brennverläufe der Gesamteinspritzvariation [Bremsblatt 227, 1200 Upm, 17 bar pmi]

Tabelle 3.6: Kenngrößen einer Einspritzeitpunktvariation ausgewählter Betriebspunkt

BP 227	H_{50}	p_{Rail}	χ_{Sub}	x_{AGR}	pmi	n_{Motor}	λ_{CNG}	η_{um}
6	12							
7	14	1600	43	0	17	1200	3.6	98.6
8	16							

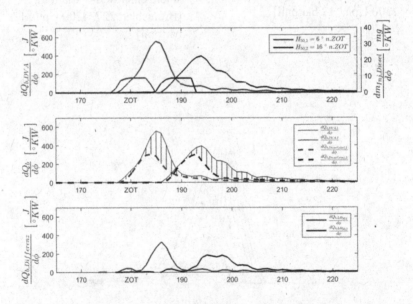

Abbildung 3.22: Gegenüberstellung des Brennverlaufs aus der DVA (oben), samt des simulierten Dieselbrennverlaufs (Mitte) und der Brennverlauf durch Differenzbildung zwischen Brennverlauf aus der DVA und Dieselmodell (unten), [Bremsblatt 227, 1200 Upm, 17 bar pmi]

3.7 Variation der AGR-Rate

Die Abgasrückführung ist ein geeignetes Mittel für die Schadstoffreduzierung der Stickoxide. Durch die Erhöhung des Inertgasanteils im Brennraum verändern sich chemische Eigenschaften möglicher Umsetzungsmechanismen des Hintergrundgemischs. Für die Bestimmung der AGR-Rate wird ein Massenverhältnis herangezogen, siehe Gl. 3.2.

$$x_{AGR}(\%) = \frac{m_{AGR}}{m_{Luft} + m_{CNG} + m_{AGR}} \cdot 100 \qquad \text{Gl. 3.2}$$

Bei hohen AGR-Raten dominiert die Ladungsverdünnung. Dieses Phänomen reduziert die laminare Flammengeschwindigkeit. durch die Verlängerung der freien Weglänge der Reaktionspartner Kraftstoff und Sauerstoff. Dies ist mitunter auch der Grund für die Verlangsamung der Selbstzündreaktionen des Methangases. Ein weiteres Phänomen, der reduzierend auf die Reaktionsgeschwindigkeiten wirkt, ist der thermische Effekt. Durch Abkühlung des Gemischs aufgrund der höheren molaren Wärmekapazität verlangsamen die temperatursensitiven Reaktionen. Zuletzt wirkt bei sehr hohen Temperaturen der Effekt durch die Dissoziation des Kohlenstoffdioxids, siehe [27]. Es ist zu beobachten, dass bei geringen AGR-raten das Hintergrundgemisch schneller zur Entzündung gebracht wird und der Anteil an hochfrequenten Schwingungen zunehmen, siehe **Abbildung 3.23** Bei größerer Zugabe des Inertgases wandert der Einspritzzeitpunkt Richtung früh und die Verbrennung stabilisiert sich wieder. Diese Veränderungen wirken im Gesamten verzögernd auf die Verbrennung, so dass die Brenndauer steigt, siehe **Abbildung 3.24**. Vorab kann gesagt werden, dass eine λ-Variation bei sehr hohen Temperaturen einen geringen Einfluss auf die Selbstzündbedingungen des Methans besitzt, der Inertgasanteil hingegen besitzt eine größere Wirkung. Die λ-Sensitivität findet Erwähnung, da die AGR-Variation bei veränderlicher Luftzahl des Hintergrundgemischs durchgeführt wurde. Festzuhalten ist, dass σ_{pmi} sich über die AGR-Variation hinweg auf einem relativ konstanten Wert befindet.

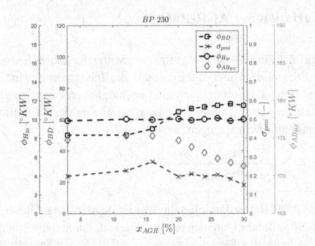

Abbildung 3.23: Die Veränderung der Prozessgrößen bei Variation der AGR Rate [Bremsblatt 230, 1800 Upm , 16 bar pmi]

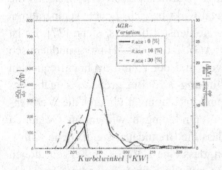

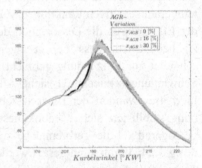

Abbildung 3.24: Brennverläufe ausgewählter Betriebspunkte bei einer AGR Variation [Bremsblatt 230, 1800 Upm, 16 bar pmi]

Abbildung 3.25: Einzelarbeitsspielverläufe ausgewählter Betriebspunkte bei einer AGR Variation [Bremsblatt 230, 1800 Upm, 16 bar pmi]

Tabelle 3.7: Kenngrößen ausgewählter Betriebspunkte bei einer AGR Variation [Bremsblatt 230, 1800 Upm, 16 bar pmi]

BP 230	H_{50}	p_{Rail}	X_{Sub}	x_{AGR}	pmi	n_{Motor}	λ_{CNG}	η_{um}
1	10			0			2.8	
3	10	1600	60	16	16	1800	2.6	98
9	10			30			1.9	

3.8 Variation der Ladelufttemperatur

Die Untersuchung der Temperatursensivität wurde bei der Ladelufttemperaturvariation untersucht. Bei relativ hoher Substitutionsrate wurde die Temperatur des Hintergrundgemisches durch die thermische Beeinflussung des Inertgases verändert. Abbildung 3.26 ist zu entnehmen, dass die Brenndauer bei gleichbleibender Schwerpunktlage eine fallende Tendenz besitzt und die Stabilität der Verbrennung zunimmt. Die abnehmende Brenndauer kann mit der beschleunigenden Wirkung der erhöhten Temperatur auf die Radikalbildung erklärt werden. Bei einer deflagrativen Flammenausbreitung führt eine Erhöhung der Temperatur zusätzlich zu einer Erhöhung der laminaren Flammenausbreitung. Im Gegensatz sinkt durch die zunehmende Einlasstemperatur die Dichte der angesaugten Luft und somit die Füllung des Brennraumes. In der dargestellten Ladelufttemperaturvariation ist zunächst in den Brennverläufen die erhebliche Beschleunigung der Verbrennung bei einer Temperaturerhöhung von 40 K auffällig, siehe Abbildung 3.27. Über eine Änderung der laminaren Flammengeschwindigkeit lässt sich dieser drastische Anstieg nicht erklären. Ebenso lässt sich der Effekt nicht sinnvoll über Änderungen im Dieselumsatz erklären, wie die simulierten Dieselbrennverläufe unten zeigen. Es ist davon auszugehen, dass bei höheren Ladelufttemperaturen Selbstzündung gehäuft stattfindet. Diese Annahme wird bestätigt mit der Beobachtung der Zunahme der hochfrequenten Anteile in den Druckverläufen der Einzelarbeitsspiele, siehe **Abbildung 3.28**.

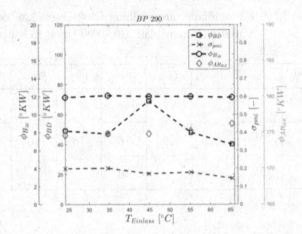

Abbildung 3.26:   Prozessgrößen bei einer Ladelufttemperaturvariation [Bremsblatt 290, 1800 Upm, 17 bar]

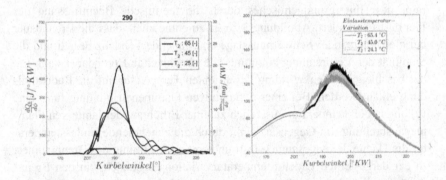

Abbildung 3.27: Brennverläufe ausgewählter Betriebspunkte einer Ladelufttemperaturvariation [16 pmi, 1800 Upm]

Abbildung 3.28: Einzelarbeitsspielverläufe ausgewählter Betriebspunkte einer Ladelufttemperaturvariation [16 pmi, 1800 Upm]

Tabelle 3.8: Kenngrößen ausgewählter Betriebspunkte einer Ladeluft-temperaturvariation [16 pmi, 1800 Upm]

BP 290	T_2	H_{50}	p_{Rail}	X_{Sub}	x_{AGR}	pmi	n_{Motor}	λ_{CNG}	η_{um}
1	65								
3	45	12	1800	70	16	16	1800	1.8	98
5	25								

3.9 Variation des Luftverhältnisses

Durch die Veränderung des Ladeluftdrucks wird bei konstanter Substituti-onsrate und konstanten Kraftstoffmengen der Einfluss des Luftverhältnisses auf die Verbrennung untersucht. Die Änderung des Luftverhältnisses besitzt unterschiedliche Einflüsse. Sie verändert u.a. die laminare Flammenge-schwindigkeit. Wie aus der **Abbildung 3.29** ersichtlich ist, besitzt die lami-nare Flammengeschwindigkeit nahe dem stöchiometrischen Luftverhältnis λ=0.9 ihr Maxima. Die Veränderung des Luftverhältnisses bewirkt zudem eine Änderung der Selbstzündungsneigung des CNG-Hintergrundgemischs. Über die Variation hinweg wurde die Turbulenzenergie durch konstanten Raildruck und konstante Drehzahl beibehalten.

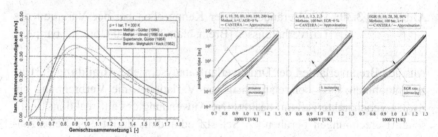

Abbildung 3.29: Einflüsse auf chemische Verbrennungsmechanismen durch Variation des Luftverhältnisses [28] und [12]

Da der Spritzverzug ϕ_{SV} in keiner Abhängigkeit zum Luftverhältnis steht, wird anhand der **Abbildung 3.30** erkenntlich, dass der Zündverzug ϕ_{ZV} aufgrund Gl. 2.1 über die Variation hinweg konstant bleibt. Wie aus den Druckverläufen der Einzelarbeitsspielbetrachtung zu entnehmen ist, weisen die mageren Betriebspunkte eine höhere Zyklenschwankung auf. Dieser Sachverhalt ist auch aus der Verbrennungsstabilität σ_{pmi} zu entnehmen. Gleichzeitig ist bei den unterstöchiometrischen Betriebspunkten ein höherer hochfrequenter Anteil in den Druckverläufen als Hinweis auf Selbstzündungen im Hintergrundgemisch zu erkennen.

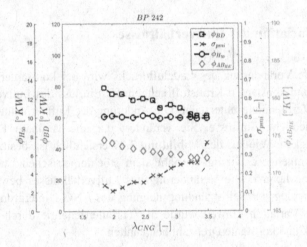

Abbildung 3.30: Die Veränderung der Kenngrößen bei der Variation des Luftverhältnisses [Bremsblatt 242, 1800 Upm, 17 bar pmi]

Aus den Brennverläufen der Druckverlaufsanalyse, siehe **Abbildung 3.31** ist zu entnehmen, dass bei relativ mageren Variationen die Verbrennung ein Zweistufencharakteristikum besitzt. Die Anwendung des auf reaktionskinetischen Berechnungen beruhenden Selbstzündmodells ergibt eine Selbstzündung zwischen der abfallenden und wiederaufsteigenden Flanke in den Brennverlaufsdiagrammen. Dies könnte ein Anzeichen dafür sein, dass die Verbrennung zunächst entlang der Dieselkeulen aufgrund der anfänglichen Erdgasverbrennung im Spray erfolgt und mit dem Ende der Einspritzung in einen degressiven Verlauf übergeht, um dann durch Selbstzündungen im stark komprimiert und erhitzten Hintergrundgemisch eine erneute Beschleunigung zu erfahren. Wird der Ladedruck weiter gesenkt nimmt die Luftmenge weiter ab und das Luftverhältnis des Hintergrundgemischs rückt näher in Richtung des stöchiometrischen Verhältnisses. Die laminare Flammengeschwindigkeit nimmt hierdurch zu und die Selbstzündzeit für Methan nimmt ab und wandert somit in Richtung früh. In der Brennverlaufsform prägt sich dieser Sachverhalt dadurch aus, dass das zweistufige Verbrennungscharakteristikum in eine Glockenform übergeht. Die Veränderung in der Brennform geht einher mit der Veränderung der Brenndauer und dem Maximum an Brennrate dQb_{max}, siehe **Abbildung 3.33**.

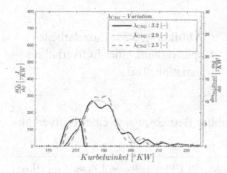 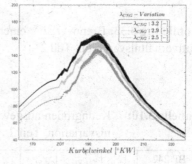

Abbildung 3.31: Brennverläufe ausgewählter Betriebspunkte einer Luftverhältnisvariation [1800 Upm, ca. 17 bar pmi]

Abbildung 3.32: Einzelarbeitsspielverläufe einer Luftverhältnisvariation [1800 Upm, ca. 17 bar pmi]

Tabelle 3.9: Kenngrößen ausgewählter Betriebspunkte einer Luftverhältnisvariation [1800 Upm, ca. 17 bar pmi]

BP 242	H_{50}	p_{Rail}	x_{Sub}	x_{AGR}	pmi	n_{Motor}	λ_{CNG}	η_{um}
3							3.2	
5	10	1600	60	0	17	1800	2.9	>96
8							2.5	

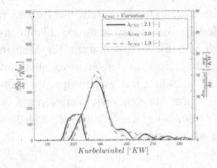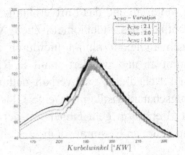

Abbildung 3.33: Brennverläufe einer Luftverhältnisvariation, Teil 2

Abbildung 3.34: Einzelarbeitsspielverläufe einer Luftverhältnisvariation, Teil 2

Tabelle 3.10: Kenngrößen ausgewählter Betriebspunkte einer Luftverhältnisvariation, Teil 2

BP 242	H_{50}	p_{Rail}	χ_{Sub}	x_{AGR}	pmi	n_{Motor}	λ_{CNG}	η_{um}
10							2.1	
11	10	1600	60	0	>14.7	1800	2.0	>98
12							1.9	

3.9.1 Zündstrahlverfahren

Der Einfluss einer Luftverhältnisvariation auf das Zündstrahlverfahren wurde u.a. im Betriebspunkt 252 untersucht. Hierbei wurde bei sehr hoher Substitutionsrate (χ_{Sub} 93 %) das Luftverhältnis durch Veränderung des Ladedrucks variiert. Bei solch hohen Substitutionsraten wird der Einfluss der Dieselverbrennung auf einem sehr niedrigen Niveau gehalten. Um die zugrundeliegenden Verbrennungsmechanismen einer Dual-Fuel Verbrennung besser zu erfassen wurde zusätzlich der Raildruck konstant gehalten und somit die Turbulenzenergie. Die AGR-Rate betrug konstant 27 %. Den Kenngrößen ist zu entnehmen, dass der Zündverzug geringfügig abnimmt. Die Brenndauer ist nahezu konstant und die Zyklenschwankungen nehmen zu stöchiometri-

schen Verhältnissen hin, gleich dem Verhalten bei mittleren Substitutionra-
ten, ab, siehe **Abbildung 3.35**. Wobei die Zyklenschwankung sich auf einem
deutlich höheren Niveau befindet, verglichen mit den Betriebspunkten bei
niedrigerer Substitutionsrate und höherem Luftverhältnisses des Hintergrundgemisches, siehe **Abbildung 3.37**.

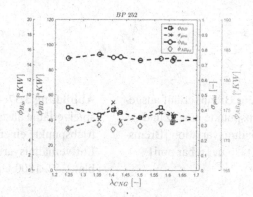

Abbildung 3.35: Kenngrößen der Zündstrahluntersuchung [Bremsblatt 252, 1800 Upm, 16 bar pmi]

Tabelle 3.11: Kenngrößen ausgewählter Betriebspunkte einer einer Zünd-strahl-Luftverhältnisvariation [Bremsblatt 252, 1800 Upm, 16 bar pmi]

BP 252	H_{50}	p_{Rail}	χ_{Sub}	χ_{AGR}	pmi	n_{Motor}	λ_{CNG}	η_{um}
12							1.4	
13	15	1700	94	27	16	1800	1.37	>95
14							1.26	

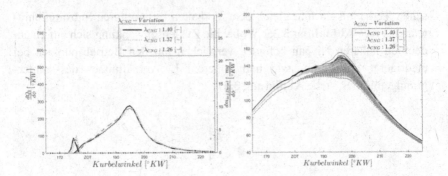

Abbildung 3.36: Brennverläuf ausgewählter Betriebspunkte einer Zündstrahl-Luftverhältnisvariation [Bremsblatt 252, 1800 Upm, 16 bar pmi]

Abbildung 3.37: Einzelarbeitsspielverläufe ausgewählter Betriebspunkte einer Zündstrahl-Luftverhältnisvariation [Bremsblatt 252, 1800 Upm, 16 bar pmi]

Die Veränderung der Brennverläufe ist **Abbildung 3.38** zu entnehmen. An nahezu identischer Stelle in der anfänglichen Brennphase weist der Brennverlauf eine leichte Abnahme der Brennrate auf. Ab diesem Zeitpunkt unterscheiden sich die Brennverläufe in der Brennrate in Abhängigkeit des Luftverhältnisses. Während der Brennverlauf $\lambda_{CNG} = 1.2$ nahezu linear ansteigt, um dann kurz vor der Verbrennungsschwerpunktlage eine Beschleunigung zu erfahren, verläuft der Brennverlauf mit $\lambda_{CNG} = 1.7$ mit einer zunächst geringeren Brennrate, um dann zu einem früheren Zeitpunkt eine Beschleunigung zu erfahren.

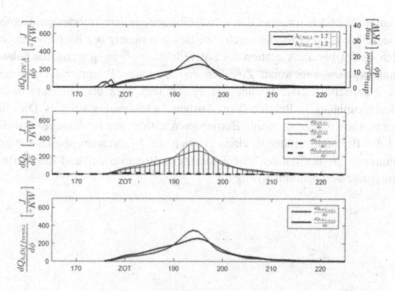

Abbildung 3.38: Gegenüberstellung der Luftverhältnisse 1.7 und 1.2 im Zündstrahlverfahren. Oben: Gesamt-Brennverläufe aus der Druckverlaufsanalyse. Mitte: simulierte Brennverläufe des Dieselanteils sowie Gesamt-Brennverläufe aus der Druckverlaufsanalyse (DVA). Unten: Differenzbrennverläufe aus Druckverlaufsanalyse und simuliertem Dieselanteil zur Charakterisierung der Umsetzung des Hintergrundgemischs

Tabelle 3.12: Kenngrößen der Gegenüberstellung Zündstrahlpunkte

BP 252	SOI	p_{Rail}	χ_{Sub}	x_{AGR}	pmi	n_{Motor}	λ_{CNG}
7	175						1.7
		1750	93	27	17	1800	
14	173						1.2

Der Brennverlauf kann somit in drei Bereiche untergliedert werden, siehe **Abbildung 3.39**. Im ersten Bereich entzündet sich der Dieselkraftstoff und ermöglicht so eine Flammenausbreitung. Die Veränderung in der Brennrate im Übergang zwischen Bereich I und II wird der Reduzierung der Flammenoberfläche durch die Überlappung, in Abhängigkeit der Düsenanzahl, der einzelnen Flammenfronten zugeschrieben. In Bereich III erreicht das unver-

brannte Gemisch aufgrund des Wärmeeintrags aus dem verbrannten Gemisch
die Selbstzündgrenze, die durch eine Beschleunigung der Brennrate ersichtlich wird. Über die Variation des Luftverhältnisse hinweg wurde die Schwer-
punktregelung angewandt. Zu erkennen ist, dass der Brennverlauf eine nahezu identische initiale Brennphase besitzt und trotz der unterschiedlichen
Beschleunigung in Bereich II im Ausbrand gleichmäßig verläuft. Dies liegt
daran, dass die „magereren" Betriebspunkte trotz des moderateren Anstiegs
in der Brennrate früher in einen Bereich der Verbrennungsbeschleunigung
eintreten, als der nahezu stöchiometrische Brennverlauf und die Verbren-
nungsrate sich dadurch nivelliert.

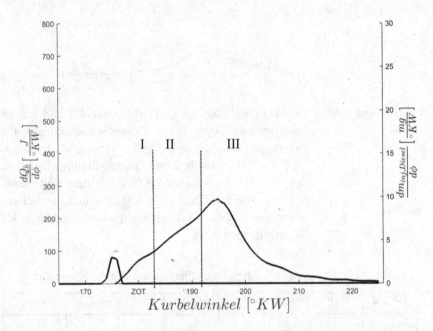

Abbildung 3.39:　Unterteilung des Zündstrahlverfahrens in drei Bereiche

3.10 Propan-Beimischung

Im Rahmen der Untersuchung wurde bei relativ hoher Substitutionsrate eine Propanvariation durchgeführt. Hierbei wurde das klopffreudige Propan in Anteilen bis zu 10 Volumenprozent dem Erdgas beigefügt. **Abbildung 3.40** ist zu entnehmen, dass die Brenndauer mit beigefügter Propanmasse abnimmt und die Verbrennungsstabilität zunimmt. Aufgrund des konstanten Ansteuerbeginns wandert der Verbrennungsschwerpunkt Richtung früh, siehe **Abbildung 3.40**.

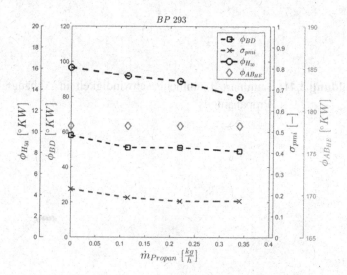

Abbildung 3.40: Die Veränderung der Prozessgrößen bei der Variation des Propananteils, [Bremsblatt 293, 1800 Upm, 16 bar pmi]

Der Einfluss des Propananteils auf die laminare Flammengeschwindigkeit ist der **Abbildung 3.41** zu entnehmen. Hier wurden die Ergebnisse einer reaktionskinetischen Berechnung bei unterschiedlichen Drücken/Temperaturen dargestellt. Es ist erkennbar, dass die Propanbeigabe die laminare Flammengeschwindigkeit nicht merklich ändert.

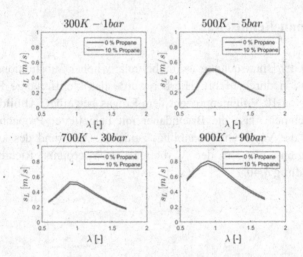

Abbildung 3.41: Laminare Flammengeschwindigkeit in Abhängigkeit des Propananteils

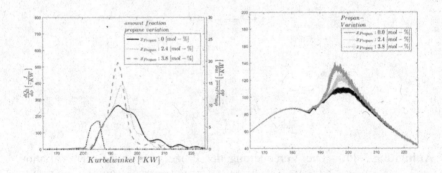

Abbildung 3.42: Brennverläufe einer Propanvariation

Abbildung 3.43: Einzelarbeitsspielverläufe einer Propanvariation

Tabelle 3.13: Kenngrößen einer Propanvariation [Bremsblatt 293, 1800 Upm, 16 bar pmi]

BP 293	x_{Propan}	X_{Sub}	H_{50}	p_{Rail}	X_{AGR}	pmi	n_{Motor}	η_{um}
1	0		16					
4	2.4	70	15	1800	0	16	1800	98
5	3.8		13					

Während die laminaren Flammengeschwindigkeiten sich auf ähnlichem Niveau bewegen, verkürzt sich die Brenndauer drastisch, siehe **Abbildung 3.42**. Damit reicht der Verbrennungsmechanismus der deflagrativen Flammenfortpflanzung eindeutig nicht aus, um die Verkürzung der Brenndauer zu erklären. Der steigende hochfrequente Anteil bei steigendem selbstzündfreudigem Propananteil, erhärtet die bisher verdichtete These der Volumenverbrennung durch Selbstzündungen.

4 Beschreibung des neuen Modellansatzes

Die Untersuchung in Kapitel 3 hat die Phänomene einer turbulenten Flammenausbreitung und einer beschleunigenden Selbstzündungsverbrennung als Verbrennungsmechanismus einer Dual-Fuel Verbrennung ausgezeichnet. Ferner ergaben Untersuchungen am Einhubtriebwerk und Simulationen der CFD dass das im Dieselstrahl befindliche Methangemisch, zusammen mit dem Dieselkraftstoff, umgesetzt wird. Diese Umsetzung wird im Folgenden als „CNG Entrainment" bezeichnet. Die Modellierung berücksichtigt alle erwähnten Phänomene, siehe **Abbildung 4.1**.

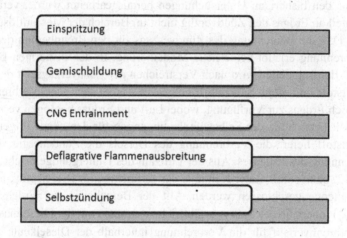

Abbildung 4.1: Modellvorstellung der CNG-Verbrennung im Dual-Fuel-Betrieb

Die Gleichung Gl. 4.1 enthält die einzelnen Terme des Gesamtbrennverlaufs, unterteilt in Umsatz von innerhalb der „Keule" des Dieselstrahls und Umsatz des CNG-Hintergrundgemischs außerhalb der Keule. Letzterer aufgeteilt in das Mechanismus Flammenausbreitung und eine Selbstzündungs-/Volumenverbrennung.

© Springer Fachmedien Wiesbaden GmbH, ein Teil von Springer Nature 2020
Ö. Ünal, *Phänomenologische Modellierung der Dieselverbrennung auf homogenem Grundgemisch*, Wissenschaftliche Reihe Fahrzeugtechnik Universität Stuttgart, https://doi.org/10.1007/978-3-658-28914-0_4

$$\frac{dQ_{b,Modell}}{d\phi} = \overbrace{dQ_{b,Diesel} + dQ_{b,CNG,Keule}}^{Keule}$$

$$+ d\overbrace{Q_{b,Flamme} + dQ_{b,Volumen}}^{Hintergrund}$$

Gl. 4.1

4.1 Umsatz von CNG innerhalb des Dieselstrahls („Entrainment")

Wie aus den bisherigen Untersuchungen herausgearbeitet wurde, verändert der Anteil an Erdgas den Zündverzug nicht im Bereich der Messauflösung (1 °KW). D.h. die Berechnung des Zündverzugs für den Brennbeginn der Dieselverbrennung erlaubt keine neue Modellierung. In den bisherigen Dieselbrennverlaufsmodellen wird nach Verstreichen der Zündverzugszeit der Dieselkraftstoff mit dem Sauerstoff umgesetzt. Nun steht der Verbrennung zusätzlich Erdgas zur Verfügung, wobei Luft und Erdgas homogen vermischt sind. Mit Erreichung der Selbstzündbedingungen für den zündwilligen Dieselkraftstoff liefert die Verbrennung des Diesels die Zündenergie für die Verbrennung des Erdgases. Aus der Luftzahl des Hintergundgemischs, siehe Gl. 2.12, kann somit, unter Kenntnis der Luftmenge im Dieselspray, auf die Erdgasmenge geschlossen werden. Mit der Berechnung der Erdgasmasse ($m_{b,CNG}$) innerhalb des Sprays ergibt sich zusammen mit der Dieselmasse ein Gesamtbrennverlauf für die Verbrennung innerhalb der Dieselkeule zu Gl. 4.2.

$$\frac{dQb_{Keule}}{d\phi} = \frac{dm_{b,Diesel}}{d\phi} \cdot H_{u,Diesel} + \overbrace{\frac{dm_{b,CNG}}{d\phi} \cdot H_{u,CNG}}^{dQ_{b,Entrainment}}$$

Gl. 4.2

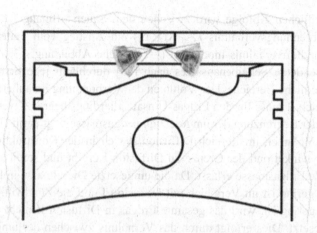

Abbildung 4.2: Schema einer Dual Fuel Verbrennung und dem Scheiben-
modell für die Dieselverbrennung

Aufgrund der simultan ablaufenden Einspritzung und Gemischbildung existiert eine Konkurrenzsituation zwischen der Dieselverbrennung und der Erdgasverbrennung um den Sauerstoff. Aus diesem Grund wurde aus dem Die-
sel- und Sauerstoffangebot heraus ein λ-Modell entwickelt. Zunächst wurde
der Tatsache Sorge getragen, dass eine Verbrennung bei Sauerstoffmangel
nicht stattfinden kann. Über die Dieselmenge und der Luftzahl wurde hierbei
anhand des Verbrennungsverhältnisses die Luftmenge ermittelt, siehe Gl.
4.3.

$$m_{\text{Luft}} = \lambda_{\text{Diesel}} \cdot m_{\text{krst,Diesel}} \cdot L_{\text{St,Diesel}} \qquad \text{Gl. 4.3}$$

Abzüglich der Luftmenge, die durch den Dieselumsatz bei einer vollständi-
gen Verbrennung benötigt wird, ergibt sich eine Luftmenge, die für eine
Erdgasverbrennung zur Verfügung steht, siehe Gl. 4.4.

$$m_{\text{Luft,CNG}} = m_{\text{L}} - m_{\text{Krst,Diesel}} \cdot L_{\text{St,Diesel}} \qquad \text{Gl. 4.4}$$

In der zeitlichen Abfolge wird zwischen dem Sauerstoffmangel t $\leq \tau_1$ und dem Verbrennungsverhältnis λ_{CNG} (t$\geq \tau_3$) ein Anstieg vom Fetten in das Hintergrundluftverhältnis modelliert (t=τ_2), siehe Abbildung 4.3. Aufgrund des verwendeten Scheibenansatzes nach [29] durchläuft jede Scheibe drei unterschiedliche Bereiche. Das Volumen der Verbrennung im äußeren Diffusionsbereich II muss für den Erdgas-Umsatz allerdings begrenzt werden. Die Ursache der Begrenzung der umgesetzten Erdgasmasse liegt darin begründet, dass das Volumen im Bereich Diffusion II sich in der Konstruktion durch den Spraywinkel und der Grenze zu Diffusion I ergibt und somit zeitweilig eine große Erdgasmasse erfasst. Da die umgesetzte Dieselmasse in Diffusion II relativ gering ist im Vergleich mit Diffusion I und die Zündwilligkeit des Methans gering ist, wird das gesamte Erdgas in Diffusion II nicht unmittelbar umgesetzt. Dies erfolgt durch das Verhältnis zwischen der umgesetzten Dieselmenge im äußeren Bereich als fortlaufendes Integral und der Brennrate in diesem Bereich. Sobald das Verhältnis einen Grenzwert c_{Grenz} überschreitet, wird der Umsatz mit der Luftzahl des Hintergrundgemischs (λ_{CNG}) berechnet, siehe Gl. 4.5, Gl. 4.6 und Gl. 4.7. Sobald $r_{Diff,2} >$ als c_{Grenz} gilt, nimmt die Luftzahl den Wert des Hintergrundgemischs an. Ansonsten gilt Gl. 4.6.

$$r_{Diff,2} = \frac{dm_{Diff,2}}{c_{skal} \cdot m_{Diff,2}} \qquad\qquad \text{Gl. 4.5}$$

$$\lambda = \lambda_{CNG} \cdot r_{Diff,2} \qquad\qquad \text{Gl. 4.6}$$

Aus der λ-Berechnung ergibt sich anhand der vorhandenen Erdgasmasse die Entrainmentverbrennung innerhalb des Dieselsprays:

$$\frac{dQ_{b,Entrainment}}{d\phi} = \lambda \cdot \frac{dm_{b,Diesel}}{d\phi} \cdot L_{St,CNG} \cdot \frac{w_{CNG}}{w_{Luft}} \cdot H_{U,CNG} \qquad\qquad \text{Gl. 4.7}$$

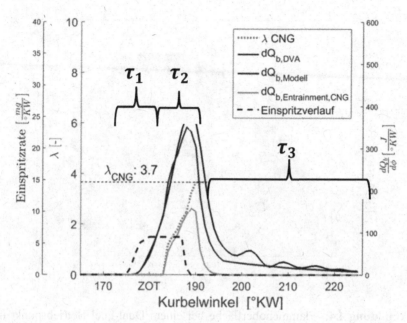

Abbildung 4.3: Modellierung des zeitabhängigen Luftverhältnisverlaufs

4.2 Berechnung der turbulenten Flammenausbreitung

Bei einer wesentlichen Anzahl an Betriebspunkten ist von einer zwar langsamen, aber vorhandenen turbulenten Flammenausbreitung auszugehen. Viele Betriebspunkte gelangen jedoch schnell in den Modus, einer durch Selbstzündungen im Hintergrundgemisch bzw. einer Volumenreaktion beschleunigten Verbrennung. Aus diesem Grund wurde auf eine detaillierte Modellierung der Flammenoberfläche verzichtet. An dieser Stelle wird mit einer vereinfachten Annahme einer hemisphärischen Flammenausbreitung die deflagrative Flammenausbreitung modelliert. Die Flammenoberfläche beginnt ab einem bestimmten Zeitpunkt mit einer bestimmten Größe. Die Flammenoberflächen werden nach Anzahl der Einspritzdüsenlöcher unter Berücksichtigung der Zylinderkonturen in einem Pre-Processing Schritt berechnet.

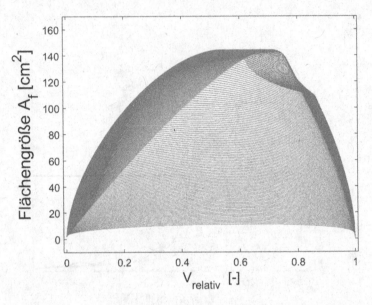

Abbildung 4.4: Flammenoberfläche bei einem Dual-Fuel Betriebspunkt in Abhängigkeit des erfassten Volumens.

Der Zeitpunkt des Beginns der Flammenausbreitung wurde auf das Einspritzende gesetzt. Die Plausibilität des Zeitpunkts liegt darin begründet, dass die Reaktionsrate der Dieselverbrennung nach Einspritzende abnimmt und somit der der schnellere, diffusive Umsatz eine deflagrative Flammenausbreitung ermöglicht. Zum Zeitpunkt Einspritzende wird in Abhängigkeit der maximalen Scheibendistanz eine Flammenoberfläche mit einer initialen Flammengröße in Abhängigkeit des größten Scheibenradius erzeugt. Die Flammenoberfläche wächst basierend auf der laminaren Flammengeschwindigkeit nach [24]. Nach Erreichen der Überlappungsgröße zweier Flammenoberflächen wird eine Oberflächenreduzierung durch eine Skalierungsgröße berechnet.

$$A_f = \frac{A_f}{c_{skal}} \hspace{4cm} \text{Gl. 4.8}$$

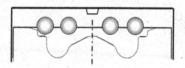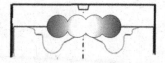

Abbildung 4.5: Darstellung des Brennraums aus der Seitensicht. Die Berechnung der Überlappung der Oberflächen erfolgt im Anschluss über trigonometrische Beziehungen.

Aus den Gesetzmäßigkeiten aus Kapitel 2.4.3 mit der Überlagerung der turbulenten Flammengeschwindigkeit aus Gl. 2.30 ergibt sich die deflagrative Komponente einer Dual-Fuel Verbrennung, siehe Gl. 4.9.

$$\frac{dQ_{b,Flamme}}{dt} = \frac{\int (dm_e - dm_v)}{\tau} \cdot w_{CNG} \cdot H_{u,CNG} \qquad \text{Gl. 4.9}$$

4.3 Berechnung der Volumenverbrennung

Die Umsetzung der Erdgasmasse durch Selbstzündung erfolgt durch die Verwendung des Zündintegrals aus [12]. Sobald die mittlere Temperatur im Unverbrannten die Selbstzündgrenze des Erdgases überschreitet kommt ein Umsatz des Erdgases über eine Volumenreaktion zustande. Der gesamte Massenanteil an umsetzbarem Erdgas wird hierbei sigmoidartig tabelliert. Um der Temperaturinhomogenität im Brennraum Rechnung zu tragen wird zu jedem Zeitpunkt eine Temperaturverteilung um die mittlere unverbrannte Temperatur berechnet. Erfolgt Selbstzündung für eine bestimmte Temperaturhistorie wird entsprechend Masse an Erdgas umgesetzt. Folgerichtig wird der gesamte Massenanteil w zum jeweiligen Zeitpunkt umgesetzt, wenn die kälteste Temperatur zur Selbstzündung führt. Aus der Veränderung der umgesetzten Massenrate der Selbstzündung erfolgt die Berechnung der Verbrennung über die Raumzündung.

$$\frac{dQ_{b,Volumen}}{d\phi} = \frac{\Delta w}{\Delta KW} \cdot m_{CNG} \cdot H_{u,CNG} \qquad \text{Gl. 4.10}$$

5 Validierung des neuen Modellansatzes

5.1 Substitutionsratenvariation

Im Folgenden wird das Gesamtmodell auf eine Substitutionsratenvariation angewandt. Der Betriebspunkt zeichnet sich mit einem hohen Umsetzungswirkungsgrad aus. Es ist zu erkennen, dass in Betriebspunkten mit einem stark überstöchiometrischen Luftverhältnis die Entrainmentverbrennung dominiert. Das Luftverhältnis unterschreitet die Grenzen einer laminaren Flammenausbreitung, so dass der restliche Anteil durch Überschreiten der Selbstzündgrenze durch eine Volumenreaktion erfasst wird.

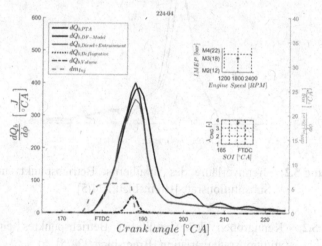

Abbildung 5.1: Brennverläufe des simulierten Betriebspunkts mit 38 % Substitutionsrate [Bremsblatt 224/4]

Tabelle 5.1: Kenngrößen des simulierten Betriebspunktes einer Substitutionsratenvariation [Bremsblatt 224/4]

BP 224	χ_{Sub}	SOI	p_{Rail}	x_{AGR}	pmi	n_{Motor}	λ_{CNG}
4	38	175	1800	0	18	1800	3.6

© Springer Fachmedien Wiesbaden GmbH, ein Teil von Springer Nature 2020
Ö. Ünal, *Phänomenologische Modellierung der Dieselverbrennung auf homogenem Grundgemisch*, Wissenschaftliche Reihe Fahrzeugtechnik Universität Stuttgart, https://doi.org/10.1007/978-3-658-28914-0_5

Da bei Erhöhung der Substitutionsrate die Dieselmenge reduziert wird, nimmt auch der Entrainmentanteil ab. Gleichzeitig ermöglicht die Veränderung des Luftverhältnisses die Bildung einer laminaren Flamme als Basis einer deflagrativen Flammenfortpflanzung. Zusätzlich steigt Aufgrund der höheren Temperatur im Unverbrannten und dem günstigeren Luftverhältnis der Anteil an Volumenreaktion in der Verbrennung.

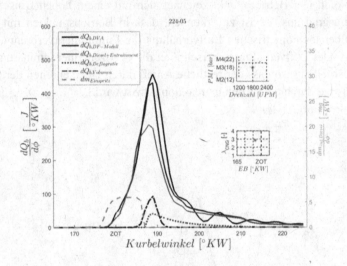

Abbildung 5.2: Brennverläufe des simulierten Betriebspunkts mit 50 % Substitutionsrate [Bremsblatt 224/5]

Tabelle 5.2: Kenngrößen des simulierten Betriebspunktes einer Substitutionsratenvariation [Bremsblatt 224/5]

BP 224	χ_{Sub}	SOI	p_{Rail}	x_{AGR}	pmi	n_{Motor}	λ_{CNG}
5	50	175	1800	0	18	1800	2.9

Bei einer weiteren Erhöhung der Substitutionsrate nimmt der Entrainmentanteil konsequent weiter ab, wohingegen die deflagrative Flammenausbreitung und der Anteil an Selbstzündung zunehmen.

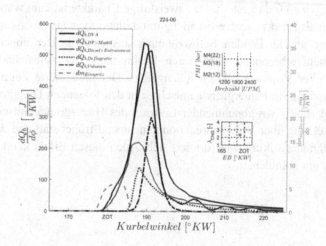

Abbildung 5.3: Brennverläufe des simulierten Betriebspunkts mit 60 % Substitutionsrate [Bremsblatt 224/6]

Tabelle 5.3: Kenngrößen des simulierten Betriebspunktes einer Substitutionsratenvariation [Bremsblatt 224/6]

BP 224	χ_{Sub}	SOI	p_{Rail}	x_{AGR}	pmi	n_{Motor}	λ_{CNG}
6	62	175	1800	0	18	1800	2.3

5.2 Luftverhältnisvariation

In **Abbildung 5.4** ist ein Betriebspunkt mit einer Luftzahl des Hintergrundgemischs von 3.0 dargestellt. Das zweistufige Charakteristikum wurde in der Variation als Entrainmentverbrennung mit deflagrativer Flammenausbreitung und einer anschließenden Selbstzündung ausgemacht. Der abnehmenden Entrainmentverbrennung wird durch Bestimmung der Selbstzündung ein Umsatz über Volumenreaktion hinzugefügt. Der modellierte Zeitpunkt der Selbstzündung im Hintergrundgemisch ist in den folgenden Diagrammen als Kreuz markiert. Mit abnehmender Luftzahl des Hintergrundgemischs findet die Umsetzung über Volumenreaktion zunehmend früher statt und das Zweistufencharakteristikum transformiert sich. Auch diesen Effekt kann das Modell sehr gut abbilden.

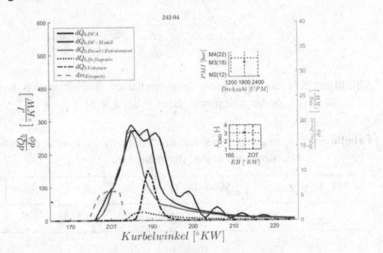

Abbildung 5.4: Brennverläufe des simulierten Betriebspunkts mit $\lambda_{CNG} = 3$ [Bremsblatt 242]

Tabelle 5.4: Kenngrößen des simulierten Betriebspunktes einer Luftverhältnisvariation [Bremsblatt 242/4]

BP 242	χ_{Sub}	SOI	p_{Rail}	x_{AGR}	pmi	n_{Motor}	λ_{CNG}
4	60	174	1600	0	17	1800	3

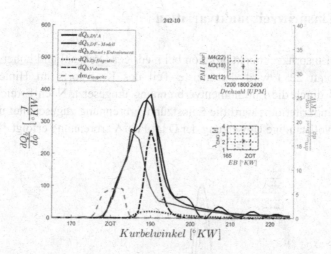

Abbildung 5.5: Brennverläufe des simulierten Betriebspunkts mit $\lambda_{CNG} = 2$ [Bremsblatt 242]

Tabelle 5.5: Kenngrößen des simulierten Betriebspunktes einer Luftverhältnisvariation [Bremsblatt 242/10]

BP 242	χ_{Sub}	SOI	p_{Rail}	x_{AGR}	pmi	n_{Motor}	λ_{CNG}
10	60	174	1600	0	17	1800	2

5.3   Einspritzzeitpunktvariation

Bei der Einspritzzeitpunktvariation bei niedriger Drehzahl und hoher Teillast (Bremsblatt 227) wird der meiste Teil des Kraftstoffs im Hintergrund-gemisch durch die Entrainmentverbrennung umgesetzt. Nach Erreichen des Selbstzündkriteriums wird die Selbstzündverbrennung zugeschaltet und eine nahezu vollständige Umsetzung der Dual-Fuel Verbrennung erfolgt.

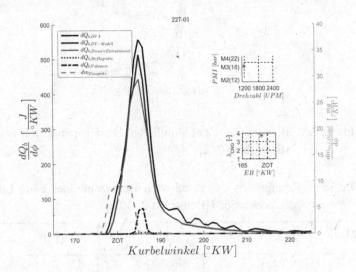

Abbildung 5.6: Brennverläufe des simulierten Betriebspunkts mit SOI = 176 °KW [Bremsblatt 227/1]

Tabelle 5.6: Kenngrößen des simulierten Betriebspunktes einer Einspritz-zeitpunktvariation [Bremsblatt 227/1]

BP 227	χ_{Sub}	SOI	p_{Rail}	x_{AGR}	pmi	n_{Motor}	λ_{CNG}
1	43	176	1600	0	16	1800	1.85

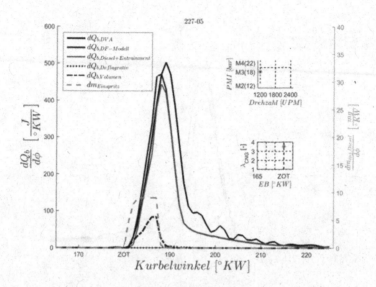

Abbildung 5.7: Brennverläufe des simulierten Betriebspunkts mit SOI = 179 °KW [Bremsblatt 227/5]

Tabelle 5.7: Kenngrößen des simulierten Betriebspunktes einer Einspritzzeitpunktvariation [Bremsblatt 227/5]

BP 227	χ_{Sub}	SOI	p_{Rail}	x_{AGR}	pmi	n_{Motor}	λ_{CNG}
5	43	179	1600	0	17	1800	3.5

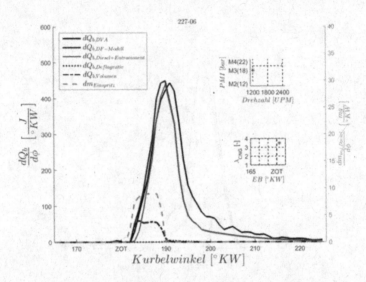

Abbildung 5.8: Brennverläufe des simulierten Betriebspunkts mit SOI = 181 °KW [Bremsblatt 227/6]

Tabelle 5.8: Kenngrößen des simulierten Betriebspunktes einer Einspritzzeitpunktvariation [Bremsblatt 227/6]

BP 227	χ_{Sub}	SOI	p_{Rail}	x_{AGR}	pmi	n_{Motor}	λ_{CNG}
6	43	181	1600	0	17	1800	3.5

6 Schlussfolgerung und Ausblick

Im Rahmen des FVV-Forschungsvorhabens „Dieselverbrennung auf homogenem Hintergrundgemisch" wurde am Institut für Verbrennungsmotoren und Kraftfahrtwesen (IVK) an der Universität Stuttgart ein phänomenologisches Verbrennungsmodell entwickelt, verifiziert und in das FVV-Zylindermodul implementiert. Das Modell basiert zum einen auf umfangreiche Messdaten aus dem Forschungsprojekt [3]. Zum anderen auf den Erkenntnissen von 3D-CFD-Berechnungen und Versuchen an einer Langhub-Kompressionsmaschine, die im Rahmen des Forschungsprojekts an der ETH-Zürich durchgeführt wurden. Das Modell bildet physikalische und chemische Vorgänge ab und trägt dem Erkenntnisgewinn der innermotorischen Phänomene bei einer Dieselverbrennung auf homogenem Grundgemisch bei.

Basis der Modellentwicklung war eine intensive Messdatenanalyse. Hierfür wurde u.a. der Diesel-Anteil der Dual-Fuel Verbrennung mit einem gut abgestimmten Diesel-Brennverlaufsmodell simuliert, um über die Differenz zwischen dem Gesamtbrennverlauf aus der Messdatenanalyse und der modellierten Dieselumsetzung Erkenntnisse zum zeitlichen Ablauf des CNG-Umsatzes zu gewinnen. Wesentlich Erkenntnisse waren:

1. Der Zündverzug der Dieselverbrennung wird bei den Randbedingungen eines Nutzfahrzeug-Dieselmotors durch das Erdgas-Hintergrundgemisch praktisch nicht beeinflusst.
2. Die erste Phase der Dual-Fuel-Verbrennung wird durch Sauerstoffmangel bestimmt. Das Hinzufügen eines Hintergrundgemischs verändert hier bei einer Substitutionsratenvariation den Gesamtbrennverlauf praktisch nicht.
3. Es muss zwangsläufig an denen Stellen, an denen ein Dieselumsatz stattfindet auch ein CNG-Umsatz stattfinden. Dieser wird über den Umsatz in der „Diesel-Keule" bzw. den „Entrainment-Ansatz" (Entrainment für die Luftbeimischung in den Dieselstrahl) modelliert.
4. Bei vielen Betriebspunkten findet auch eine turbulente Flammenausbreitung im Erdgas-Hintergrundgemisch statt. Da dieses oft sehr mager ist, ist dieser Umsatzanteil oft gering.
5. Bei vielen Betriebspunkten sind für das motorische „Klopfen" typische, hochfrequente Schwingungen auf der Druckmessung von Einzelarbeitsspielen zu sehen. Ebenso zeigen reaktionskinetische Rechnungen, dass

© Springer Fachmedien Wiesbaden GmbH, ein Teil von Springer Nature 2020
Ö. Ünal, *Phänomenologische Modellierung der Dieselverbrennung auf homogenem Grundgemisch*, Wissenschaftliche Reihe Fahrzeugtechnik Universität Stuttgart, https://doi.org/10.1007/978-3-658-28914-0_6

bei hohem Drücken des Nutzfahrzeugmotors von Selbstzündungen im Erdgas-Hintergrundgemisch auszugehen ist. Sehr eindrucksvoll wird dies auch über die Propan-Variation gezeigt, die die Selbstzündungsneigung des Erdgasgemischs deutlich verändert.

Auf Basis der Dieselbrennverlaufsmodellierung wurde die Verbrennung des Hintergrundgemischs innerhalb der Dieselkeule ohne weitere Abstimmungs-parameter unter Verwendung des Scheibenansatzes modelliert und im An-schlussbei niedrigen Substitutionsraten bei denen dieser Mechanismus domi-nieren muss verifiziert. In Abhängigkeit der „maximalen Scheibendistanz und damit von Kennwerten der rudimentär modellierten Spraygeometrie werden unter Berücksichtigung der Anzahl der Einspritzdüsen hemisphäri-sche Oberflächen generiert, deren Anfangsdurchmesser dem maximalen Durchmesser der Dieselscheibe entspricht. Bei einer Überlappung der Ober-flächengröße wird durch eine Modellkonstante eine Reduzierung der Ober-flächengröße erreicht. Für die Umsetzung der deflagrativen Komponente wurden die laminare Flammengeschwindigkeit und die Turbulenz im Brenn-raum berücksichtigt. Des Weiteren wurden Selbstzündphänomene erkannt und in eine Modellierung der Selbstzündung umgesetzt. Hierbei wurde der Massenanteil der Selbstzündverbrennung durch eine Temperaturspreizung um die mittlere Temperatur im Unverbrannten bestimmt. Die Temperatur-spreizung wurde für die Berechnung der Zündintegrale verwendet, um bei Erreichen der kritischen Integralbedingung einen Massenanteil als Selbst-zündung umzusetzen.

Literaturverzeichnis

[1] Schubert, Markus; Intraplan Consult GmbH (2014) Verkehrsverflechtungs-prognose 2030. Zusammenfassung der Ergebnisse. Hg. v. Bundesministe-rium für Verkehr und digitale Infrastruktur. Online verfügbar unter https://www.bmvi.de/SharedDocs/DE/Anlage/VerkehrUndMobilitaet/verkehrsverf lechtungsprognose-2030-zusammenfassung-los-3.pdf?__blob=publication File, zuletzt geprüft am 24.07.2019.

[2] Koch, Diesel (2018) Eine sachliche Bewertung der aktuellen Debatte, Technische Aspekte und Potenziale zur Emissionsreduzierung (Wiesbaden, Springer Vieweg). DOI: 10.1007/978-3-658-22211-6. ISBN: 978-3-658-22210-9.

[3] Tänzler, Andre Gerhard (2016) Experimentelle Untersuchung eines Dual-Fuel-Brennverfahrens für schwere Nutzfahrzeugmotoren. Dissertation. Stuttgart. DOI: 10.1007/978-3-658-18921-1.

[4] Fredrik Königsson (2014) On Combustion in the CNG-Diesel Dual Fuel Engine. Dissertation. ISBN: 978-91-7595-243-7.

[5] Garcia (2018) Analysis of Dual-Fuel CNG-Diesel Combustion Modes To-wards High Efficiency and Low Emissions at Part Load. Dissertation. ISBN: 9789177536970.

[6] Zel'dovich, Ya. B.; Librovich, V. B.; Makhviladze, G. M.; Sivashinskil, G. I. (1972). On the onset of detonation in a nonuniformly heated gas. In: *J Appl Mech Tech Phys* 11 (2), S. 264–270. DOI: 10.1007/BF00908106.

[7] Nieberding (2001) Kompressionszündung magerer Gemische als motori-sches Brennverfahren. Dissertation URL: http://nieberding.org/Data/diss-rgn.pdf, zuletzt geprüft am 01.02.2019.

[8] Merker, Günter; Schwarz, Christian; Rüdiger Teichmann (Hg.); Grund-lagen Verbrennungsmotoren. Funktionsweise, Simulation, Messtechnik. Unter Mitarbeit von Christian Beidl, Bergmann Alexander, Friedrich Din-kelacker; Durst, Bodo; Eckert, Peter; Eichlseder, Helmut et al. (2012). 6. Aufl. Dordrecht: Springer (ATZ / MTZ-Fachbuch). ISBN: 978-3-8348-1987-1.

© Springer Fachmedien Wiesbaden GmbH, ein Teil von Springer Nature 2020
Ö. Ünal, *Phänomenologische Modellierung der Dieselverbrennung auf homogenem Grundgemisch*, Wissenschaftliche Reihe Fahrzeugtechnik Universität Stuttgart, https://doi.org/10.1007/978-3-658-28914-0

[9] Merker (2009) Grundlagen Verbrennungsmotoren (Wiesbaden, Springer Fachmedien). ISBN: 9783834807403.

[10] Dec, John E.A Conceptual Model of DI Diesel Combustion Based on Laser-Sheet Imaging*. In: SAE Technical Paper 970873. Online verfügbar unter https://doi.org/10.4271/970873. DOI: 10.4271/970873.

[11] Wenig, Markus (2013) Simulation der ottomotorischen Zyklenschwankungen. Dissertation. Stuttgart, zuletzt geprüft am 28.11.2018. DOI: 10. 18419/opus-4561.

[12] Urban, Lukas; Grill, Michael; Hann, Sebastian; Bargende, Michael. Simulation of Autoignition, Knock and Combustion for Methane-Based Fuels. In: SAE, 2017-01-2186, zuletzt geprüft am 26.10.2018. DOI: 10.4271/ 2017-01-2186.

[13] Urban, Lukas; Hann, Sebastian. Ansatz für die Klopfmodellierung methanbasierter Kraftstoffe auf Basis reaktionskinetischer Untersuchungen. In: The Working Process of the Internal Combustion Engine, Bd. 16, S. 162–187, zuletzt geprüft am 13.08.2018.

[14] Boehman, André L.; Le Corre, Olivier (2008) Combustion of Syngas in Internal Combustion Engines. In: *Combustion Science and Technology* 180 (6), S. 1193–1206. DOI: 10.1080/00102200801963417.

[15] Grill, Michael; Bargende, Michael (2010) The Development of an Highly Modular Designed Zero-Dimensional Engine Process Calculation Code. In: *SAE Int. J. Engines* 3 (1), S. 1–11. DOI: 10.4271/2010-01-0149.

[16] Grill, Michael; Bargende, Michael (2009) Das Zylindermodul Neue Simulation nicht nur für zukünftige Brennverfahren. In: *MTZ Motortech Z* 70 (10), S. 778–785. DOI: 10.1007/BF03252423.

[17] Berner, Hans-Jürgen; Grill, Michael; Chiodi Marco; Bargende, Michael (2007) Berechnung der thermodynamischen Stoffwerte von Rauchgas und Kraft stoffdampf beliebiger Kraftstoffe. In: *MTZ Motortech Z* 2007 (68), S. 398–406. DOI: 10.1007/BF03227409.

[18] Grill, Michael; Chiodi, Marco; Berner, Hans-Jürgen; Bargende, Michael (2007) Calculating the thermodynamic properties of burnt gas and vapor fuel for user-defined fuels. In: *MTZ Worldw* 68 (5), S. 30–35. DOI: 10. 1007/BF03226830.

[19] Grill, M.; Schmid, A.; Chiodi, M.; Berner, H.-J.; Bargende, M. Calculating the Properties of User-Defined Working Fluids for Real Working-Process Simulations. In: SAE 2007-01-0936. DOI: 10.4271/2007-01-0936.

[20] Grill, Michael; Bargende, Michael; Rether, Dominik; Schmid, Andreas; Quasi-dimensional and Empirical Modeling of Compression-Ignition Engine Combustion and Emissions. In: SAE. DOI: 10.4271/2010-01-0151.

[21] Grill, Michael; Billinger, T.; Bargende, Michael; Quasi-Dimensional Modeling of Spark Ignition Engine Combustion with Variable Valve Train. In: SAE. DOI: 10.4271/2006-01-1107.

[22] Schmid, Andreas; Grill, Michael; Berner, Hans-Jürgen; Bargende, Michael; Rossa, Sascha; Böttcher, Michael (2009) Development of a Quasi-Dimensional Combustion Model for Stratified SI-Engines. In: *SAE Int. J. Engines* 2 (2), S. 48–57. DOI: 10.4271/2009-01-2659.

[23] Hann, Sebastian; Urban, Lukas; Grill, Michael; Bargende, Michael (2017) Influence of Binary CNG Substitute Composition on the Prediction of Burn Rate, Engine Knock and Cycle-to-Cycle Variations. In: *SAE Int. J. Engines* 10 (2), S. 501–511. DOI: 10.4271/2017-01-0518.

[24] Keskin, Mahir Tim; Modell zur Vorhersage der Brennrate in der Betriebsart kontrollierte Benzinselbstzündung, Dissertation, Universität Stuttgart, DOI 10.1007/978-3-658-15065-5

[25] Barba Christian (2001) Erarbeitung von Verbrennungskennwerten aus Indizierdaten zur verbesserten Prognose und rechnerischen Simulation des Verbrennungsablaufes bei Pkw-DE-Dieselmotoren mit Common-Rail-Einspritzung. Dissertation. Zürich,Schweiz. DOI: 10.3929/ethz-a-004228439.

[26] Mohamed Y.E. Selim (2003); Effect of exhaust gas recirculation on some combustion characteristics of dual fuel engine. In: *Fuel and Energy Abstracts* 44 (4), S. 247. DOI: 10.1016/S0140-6701(03)83100-4.

[27] Bohatsch Stefan (2011) Ein Injektorkonzept zur Darstellung eines ottomotorischen Brennverfahrens mit Erdgas-Direkteinblasung. Dissertation. Stuttgart, zuletzt geprüft am 17.12.2018. DOI: 10.18419/opus-4500.

[28] Rether, Dominik; Grill, Michael; Schmid, Andreas; Bargende, Michael (2010) Quasi-Dimensional Modeling of CI-Combustion with Multiple Pilot- and Post Injections. In: *SAE Int. J. Engines* 3 (1), S. 12–27. DOI: 10. 4271/2010-01-0150.

Printed in the United States
By Bookmasters